BoD-Wissenschaftsbuch

BoD
Norderstedt

HARALD MAURER

METAANALYSE DES PARADIGMAS DER SELBST-ORGANISATION UNTER EINSCHLUSS DER NICHT-LINEAREN DYNAMISCHEN KOMPLEXEN SYSTEME

EINE WISSENSCHAFTSTHEORETISCH-NATURWISSEN-SCHAFTLICHE KURZEINFÜHRUNG

Autor:

Harald Maurer hat seinen Magisterabschluß an der Universität Tübingen im Jahr 2007 bei Prof. Dr. rer. nat. Dr. phil. Walter Hoering gemacht. Sein Studium umfaßte die folgenden Fächer: das Hauptfach Philosophie, die Nebenfächer Informatik und Jura sowie die Beifächer Psychologie, Soziologie und vergleichende Religionswissenschaft mit Schwerpunkt Indologie. Daneben hat er auch Studien betrieben in Mathematik und den Naturwissenschaften, vor allem in Physik, Chemie, Biologie und Medizin.
Seit 2013 ist er Dozent gewesen im Fachbereich Philosophie an den Universitäten Tübingen, Heidelberg und Magdeburg. Zur Zeit schreibt er an seiner zweiten Promotionsarbeit als Dr. rer. nat. im Fachbereich Informatik und an einem Antrag für ein DfG-Forschungsprojekt im Fachbereich Theoretische Philosophie. Daneben übersetzt er für den U.S.-amerikanischen Verlag "CRC Press/The Science Publisher" sein Einführungsbuch über den Konnektionismus mit dem Titel: "Cognitive Science: Integrative Synchronization Mechanisms in Cognitive Neuroarchitectures of the Systemtheoretical Connectionism."

Harald Maurer
Eberhard Karls Universität Tübingen
Mathematisch-Naturwissenschaftliche Fakultät
Wilhelm-Schickard Institut für Informatik
Theoretische Informatik: Logik und Sprachtheorie
Sand 13
72076 Tübingen
E-Mail: Harald.Maurer@informatik.uni-tuebingen.de

Impressum:

Bibliographische Information der Deutschen Nationalbibliothek

Die deutsche Nationalbibliothek verzeichnet diese Publikation in der Deutschen Nationalbibliographie; detaillierte bibliographische Daten sind im Internet über http://dnb.d-nb.de abrufbar.

ISBN 9783744855136
Herstellung und Verlag: BoD - Books on Demand, Norderstedt
www.bod.de
Dieses Werk ist urheberrechtlich geschützt. Died adurch begründeten Rechte, insbesondere die der Übersetzung, des Nachdrucks, des Vortrags, der Entnahme von Abbildungen und Tabellen, der Funksendung, der Mikroverfilmung oder der Vervielfältigung auf anderen Wegen und der Speicherung in Datenverarbeitungsanlagen, bleibt, auch bei nur auszugsweiser Verwertung, dem Autor vorbehalten. Eine Vervielfältigung dieses Werkes oder von Teilen dieses Werkes ist auch im Einzelfall nur in den Grenzen der gesetzlichen Bestimmungen des Urheberrechtsgesetzes der Bundesrepublik Deutschland vom 9. September 1965 in der jeweils geltenden Fassung zulässig. Sie sind grundsätzlich vergütungspflichtig. Zuwiderhandlungen unterliegen den Strafbestimmungen des Urheberrechtsgesetzes.

© Harald Maurer
Printed in Germany

Vorwort

Das Buch bietet eine kurze Einführung in das Thema der Selbstorganisation aus einer naturwissenschaftlich-wissenschaftstheoretischen Perspektive. Es entstand im Rahmen der Vorbereitung für einen Antrag auf ein DfG-Forschungsprojekt über eben diese Thematik in den Jahren 2012-2017.

Das Buch richtet sich vor allem an Student(-inn-)en aus den Disziplinen der Kognitionswissenschaft, der komputationalen und kognitiven Neurowissenschaften, der Neuroinformatik, der Neurophilosophie, und der Neurolinguistik sowie an diejenigen, die sich für den Themenbereich der Künstlichen Intelligenz interessieren.

Ich möchte mich hiermit vor allem bei Prof. Dr. Holger Lyre (Theoretische Philosophie der Universität Magdeburg) bedanken, der mir in einer Vielzahl von Gesprächen wertvolle Anregungen für mein Verständnis des Themas gegeben hat, sodaß dieses Buch überhaupt entstehen konnte.

Abschließend möchte ich mich noch ganz herzlich bei meiner Frau Renate Maurer, Diplombetriebswirtin (BA) und Steuerberaterin, bedanken, die mit einem Höchstmaß an Unterstützung, Geduld und Nachsicht es erst ermöglicht hat, daß diese Arbeit entstehen konnte, und schließlich bei meiner Mutter für das Korrekturlesen des Manuskripts.

Tübingen, im Sommer 2017
Dr. phil. Harald Maurer M.A.

KAPITELVERZEICHNIS

Vorwort   II-III

1. Wissenschaftsgeschichte des Selbstorganisationsparadigmas ...   1

2. Terminologische Analyse des Selbstorganisationsparadigmas ...   5

3. Charakteristika von selbstorganisierten
   dynamischen Systemen ...   8

4. Fundamentalprinzipien des Selbstorganisationsparadigmas ...   9

4.1 Systememergenz bzw. spontane globale
    Systemorganisation ...   9
4.2 Zirkuläre kausale autokatalytische und
    crosskatalytische Systemdynamik ...   10
4.3 Fern-vom-Gleichgewichtsdynamik bzw.
    Fließgleichgewichtsdynamik ...   11
4.4 Relativ autonome und adaptive System-
    regulation bzw. Systemkontrolle ...   13
4.5 Distribuierte Systemregulation und robuste,
    stabile Systemfunktionen ...   15

4.6 Nichtlineare Systemfunktionalität und
probabilistische Systemprognose ...   17
4.7 Systemkonvergenz und interne stabile
Systemelementkonfigurationen ...   18
4.8 Selbstorganisierte bzw. selbstgenerierte
strukturelle Systemkomplexität ...   20

5. Exkurs: Selbstorganisation(-smechanismen)
in der Neurokognition ...   22

6. Wissenschaftstheoretische Analyse der
dynamischen fluiden Selbstorganisationsmechanismen ...   32

7. Selbstorganisation und „Einheitswissenschaft" ...   45

Literatur ...   57-114

ABKÜRZUNGSVERZEICHNIS

a.A., A.A.	andere Ansicht, anderer Ansicht
Abb.	Abbildung
A.d.V.	Anmerkung des Verfassers
a.E.	am Ende
Bd.	Band
bzgl.	bezüglich
bzw.	beziehungsweise
Chap.	Chapter
d.b.	das bedeutet
d.f.	daraus folgt
d.h.	das heißt
ders., Ders.	derselbe
dt.	deutsch
engl.	englisch
et. al.	et alii, et aliae, et alia (dt.: und andere)
etc.	et cetera bzw. ecetera (dt.: und andere)
Fn.	Fußnote
franz.	Französich
gem.	gemäß
Gl.	Gleichung
griech.	griechisch
Hf.	Heft
h.M.	herrschende Meinung

i.B.a.	in Bezug auf
i.d.R.	in der Regel
i.e.S.	im engeren Sinn
i.S.(v.)	im Sinne (von)
i.w.S.	im weiteren Sinn
Jhdt.	Jahrhundert
Kap.	Kapitel
lat.	lateinisch
m.E., M.E.	meines Erachtens
m.a.W.	mit anderen Worten
m.B.a.	mit Bezug auf
m.w.Lit.	mit weiterer Literatur
s., S.	siehe, Siehe
sog.	sogenannte, sogenannten, sogenannter
s.v.w.	so viel wie
übers.	übersetzt
U.z., u.z.	Und zwar, und zwar
v.a.	vor allem
Vgl.	Vergleiche
vs.	versus
z.B.	zum Beispiel
Zit.	Zitiert

1. WISSENSCHAFTSGESCHICHTE DES SELBSTORGANI-SATIONSPARADIGMAS

1.1 Seit den vierziger Jahren des 20. Jhdt.'s hat sich – mit dem Aufkommen der Kybernetik (WIENER (1948 (1961)), ASHBY (1947); System Dynamics: FORRESTER (1971)) – das allgemeine Prinzip der Selbstorganisation, einschließlich der Theorie der nichtlinearen dynamischen komplexen Systeme, in einer Vielzahl von Wissenschaftsdisziplinen zu dem vorherrschenden (Forschungs-)Paradigma bzw. zu dem vorherrschenden interdisziplinären Forschungsprogramm (weiter-)entwickelt (KROHN, KÜPPERS & PASLACK (1987), PASLACK (1991), KROHN & KÜPPERS (1990, 1992), MUSSMANN (1995), JAEGER (1996), MAINZER (1999), KANITSCHEIDER (1981, 2000, 2006), KÜPPERS (2008), BANZAF (2009)).

1.2 In der Philosophie und Wissenschaftstheorie hingegen ist diese neue Forschungsströmung bisher nur von ganz wenigen Autoren aufgegriffen worden (s. im einzelnen MAURER (2014a)):
1.21 Mit seinem "Dynamical Mechanistic Approach" in der Wissenschaftstheorie der Bio- und Neurowissenschaften beschäftigt sich in neuerer Zeit der U.S.-amerikanischer Wissenschaftstheoretiker und Philosoph William BECHTEL mit der Analyse der komplexen, selbstorganisierten Dynamik von (neuro-)biologischen Mechanismen anhand einer dyna-

misch-mechanistischen Erklärung (engl. "dynamic mechanistic explanations") (s. z.B. BECHTEL (2008); s. auch CRAVER (2007); einführend MAURER (2014a: Kap. 6.15.02.1)).
1.22 Ferner hat sich seit den neunziger Jahren des 20. Jhdt.'s der deutsche Wissenschaftstheoretiker und Philosoph Klaus MAINZER mit der Theorie der nichtlinearen komplexen Systeme auseinandergesetzt, auch in Verbindung mit Themen aus der Neuroinformatik und Neurophilosophie, der Robotik, der Künstlichen Intelligenz (KI) und des Konnektionismus (MAINZER 1994a, 1999, 2004a, b, 2008, 2010).
1.23 Desweiteren haben seit der Mitte der siebziger Jahre des 20. Jhdt.'s die deutschen Wissenschaftstheoretiker und Philosophen Hans LENK und Günter ROPOHL die Position vertreten, daß die (allgemeine) Systemtheorie mit ihrer Systemanalyse eine die philosophische Analyse überformende neue – oder erneuerte – „Synthetische Philosophie" mit metatheoretischem Charakter begründet (LENK (1975, 1978, 2001), ROPOHL (1978, 1979, 2005, 2012) mit Hinweis auf den deutschen Wissenschaftstheoretiker und Philosophen Bernulf KANITSCHEIDER (1985/1986 a,b)).
1.24 Mit seiner schon in den zwanziger Jahren des 20. Jhdt.'s begonnenen „Allgemeinen Systemlehre" hat weiterhin der österreichische theoretische Biologe Ludwig von BERTALANFFY (1949 (1972), 1950a,b, 1953, 1968, 1975) den Versuch unternommen, diese

zu einem interdisziplinären Forschungsprogramm weiterzuentwickeln in Gestalt einer „Allgemeinen Systemtheorie" ("General Systems Theory (GST)"), die allgemeine Gesetzmäßigkeiten, z.B. in Form von (logischen) Homologien und allgemeinen Systemprinzipien, zur Beschreibung von formal gleichartigen Erscheinungen in den verschiedenen Wissenschaftsbereichen bereitzustellen in der Lage ist. Dieses organismische Systemdenken zeichnet sich nun vor allem dadurch aus, daß im Rahmen der Analyse eines Organismus als eines lebenden Systems der Prozeß der materiell-energetischen Systemdynamik in Rückkopplungsschleifen (engl. "feedback") im Fokus steht, wodurch er als ein offenes System, das sich mit seiner Umwelt im „Fließgleichgewicht" (engl. "steady state", "flux equilibrium") befindet, zu betrachten ist.

Als einen Vorläufer dieses allgemeinen Systemansatzes kann auch der russische Mediziner und Philosoph Alexander BOGDANOV (1922 (1980)) betrachtet werden, der zu Beginn des 20. Jhdt.'s sein Programm einer allgemeinen Organisationslehre, der "Tektology", entworfen hat.

1.3 Schließlich sind ansonsten bisweilen lediglich einzelne Aspekte einer (allgemeinen) System- und Selbstorganisationstheorie in der Philosophie angegangen worden (s. die Sammelbände: KRATKY & WALLNER (Hrsg.) (1990), NIEGEL & MOLZBERGER

(Hrsg.) (1992), PORT & VAN GELDER (Eds.) (1995), KRAPP & WAGENBAUR (Hrsg.) (1997), GLOY, NEUSER & REISINGER (Hrsg.) (1998), EDLINGER, FEIGL & FLECK (Hrsg.) (2000), FELTZ, CROMMELINCK & GOUJON (Eds.) (2006), VEC, HÜTT & FREUND (Hrsg.) (2006), BREUNINGER (Hrsg.) (2008)) (s. z.b. die Einzelabhandlungen in der Philosophie: FISCHER (1990), BACHMANN (1998), HEIDELBERGER (1990), HEUSER (1986, 1989, 1990), ZIEMKE (1992), HOFER (1996)), und in der Wissenschaftstheorie: LENK (1978), ROPOHL (1979), KRATKY (1990), KNOBLOCH (1992), MÜNDEMANN (1992), SCHLOSSER (1993), SCHWEITZER (1997), GLOY (1998a,b), HOFKIRCHNER (1998), OESER (1998), NEUSER (1998), WUKETITS (2000), BUNGE (2000), LORENZEN (2000), ROCKWELL (2005), KRALEMANN (2006), BREIDBACH (2007), FREUND, HÜTT & VEC (2004, 2006), HÜTT (2006), HÜTT & MARR (2006), LIVET (2006), MAURER (2006 (2009), 2014a)).

2. TERMINOLOGISCHE ANALYSE DES SELBSTORGANI-SATIONSPARADIGMAS

2.1 Im Gegensatz hierzu wird eine Neufassung der philosophischen Begriffsanalyse des (allgemeinen) Selbstorganisationsprinzips vorgenommen (s. z.B. einführend HEYLIGHEN (2001, 1995), HEYLIGHEN & JOSLYN (2001), DI MARZO SERUGENDO et al. (2004), DI MARZO SERUGENDO et al. (2006), HOOKER (2011); s. auch JANTSCH (1980)), orientiert an der theoretischen Terminologie, wie sie in der Mathematik, z.B. in der (allgemeinen) nichtlinearen Dynamischen Systemtheorie (engl. "Dynamic Systems Theory (DST)"), verwendet wird (s. Kap. 1.1, MAURER (2014a): Kap. 1.21, 1.22), und an den neuesten (system-)theoretischen Konzepten aus den Natur- und Humanwissenschaften (MAURER (2014a): Kap. 1.25). Dabei wird eine fluide Konzeption von Selbstorganisationsmechanismen in das Zentrum der Betrachtung gerückt, die in neuester Zeit vor allem in der Neuroinformatik und der komputationalen Neurowissenschaft (MAASS & NATSCHLÄGER & MARKRAM (2002), MAASS (2007), JAEGER ((2002) 2008), WERNING (2001, 2005a, 2005b, 2012), PIPA (2010)), in der kognitiven Neurowissenschaft (PASEMANN (1995, 1996), REMPIS et al. (2013)), SINGER (2013)), in der Kognitionswissenschaft (STROHNER (1995), KURTHEN (1996)) sowie in der theoretischen (Neuro-)Philosophie und Wissenschaftstheorie (BECHTEL (2008), CRAVER

(2007), MAINZER (1994a, 2006)), z.B. vor allem im Rahmen eines fluiden Modells der (Neuro-)Kognition (MAURER (2004 (2009), 2006 (2009), 2009, 2014a, 2014b, 2016a,b), zunehmend als entscheidend betrachtet wird.

2.2 Dabei wird im allgemeinen (ASHBY (1962, 2004); GLANSDORFF & PRIGOGINE (1971), NICOLIS & PRIGOGINE (1977): "order through fluctuations"; VON FOERSTER (1960), VON FOERSTER & ZOPF (Eds.) (1962): "order from noise"; KAUFFMAN (1993)) als zentral für das Prinzip der Selbstorganisation der zu beobachtende Sachverhalt angesehen, daß, entgegen dem Zweiten Hauptsatz der Thermodynamik, relativ (system-)autonom, spontan qualitativ neue, „emergente" (STEPHAN (1999, 2006), HOYNINGEN-HUENE (2007), KORNWACHS (2008)) und relativ stabile Strukturen und Prozesse, oder allgemein: (Ordnungs-)Muster bzw. Eigenschaften eines Systems als Ganzem auftreten und aufrechterhalten werden, die – mit Bezug auf die Analyseebene der Systemkomponenten – grundsätzlich nicht ableitbar oder vorhersehbar sind (HEYLIGHEN (2001), EBELING et al. (1998), SCHMIDT (2008)). Diese spontanen Strukturbildungsprozesse entstehen dadurch, daß ein dynamisches System einen Systemzustand höherer Ordnung einnimmt, indem ein „Export von Entropie" stattfindet, sodaß „die Entropieproduktion auf ein Minimum beschränkt wird" (EBELING (1976, 1982,

1989), EBELING et al. (1990, 1998), SCHRÖDINGER (1944)). Ferner hat man dabei die „konservative Selbstorganisation" im thermischen Gleichgewicht von der „dissipativen Selbstorganisation" (PRIGOGINE (1980), NICOLIS & PRIGOGINE (1977)); s. auch von BERTALANFFY (1950b), HAKEN ((1982) 1990) abzugrenzen (JANTSCH (1981), MAINZER (1994a, 1997)). Ein offenes Nichtgleichgewichtssystem, d.h. ein System fern des thermischen Gleichgewichts, zeichnet sich dadurch aus, daß seine Phasenübergänge und die Stabilität seiner (Ordnungs-)Strukturen durch eine kritische Balance aus nichtlinearen und dissipativen Mechanismen bestimmt werden, d.h. sich neue, emergente (makroskopische) (Ordnungs-)Strukturen ausbilden durch eine Vielzahl von komplexen nichtlinearen Wechselwirkungen von (mikroskopischen) Systemelementen, wenn der Austausch von Materie, Energie und Information des offenen dynamischen (dissipativen) Systems mit seiner Umgebung einen kritischen Wert erreicht (MAURER (2014a): Kap. 1.23).

3. CHARAKTERISTIKA VON SELBSTORGANISIERTEN DYNAMISCHEN SYSTEMEN

Ausgehend davon kann man nun eine notwendige, wenn auch nicht hinreichende (Mindest-)Anzahl von (Haupt-)Merkmalen bzw. (Haupt-)Eigenschaften von selbstorganisierten (dynamischen) Systemen aufzählen, die dadurch als ein Ausgangspunkt einer weitergehenden Analyse der (allgemeinen) Prinzipien der Selbstorganisation dienen kann, wobei manche dieser Eigenschaften bei allen physikalischen, physikalisch-chemischen, biochemischen bis hin zu den komplexeren (neuro-)biologischen und (neuro-)kognitiven Systemen anzutreffen sein werden (Kap. 4.1, 4.7, 4.9), während andere vor allem bei letzteren auftreten (Kap. 4.2, 4.3, 4.4, 4.5, 4.6, 4.8).

4. FUNDAMENTALPRINZIPIEN DES SELBSTORGANISATIONSPARADIGMAS

4.1 SYSTEMEMERGENZ BZW. SPONTANE GLOBALE SYSTEMORGANISATION

Eine der grundlegendsten Haupteigenschaften, die der Systememergenz, wie bereits erwähnt, besteht darin, daß sich eine spontane globale Systemorganisation eines (offenen) dynamischen Systems herausbildet, indem auf lokaler Ebene eine hinreichend hohe Anzahl von Systemelementen, d.h. Systemobjekte, Systemattribute, Systemprozesse oder lokale Subsysteme, mittels eines Kohärenz erzeugenden (Prozeß-)Mechanismus miteinander koordiniert interagieren, z.B. über einen korrelativen Synchronisationsmechanismus, wie z.B. bei der Binding-By-Synchrony (BBS) Hypothesis (GRAY & SINGER (1989), SINGER (1999), MAURER (2014a): Kap. 3.4), beim Laser (HAKEN ((1982) 2004, 1988a,b), MAURER (2014a): Kap. 1.25.02) oder bei den Konvektionszellen im BÉNARD-Experiment (BISHOP (2008, 2012)). M.a.W., anhand von recht einfachen, physikalischen Nahbereichs- oder Nachbarschaftsregeln werden anfänglich zufällige und statistisch unabhängige Aktivitäten der Systemkomponenten kausal selbstorganisiert derart graduell ansteigend verstärkt, daß sich mit zunehmender Wahrscheinlichkeit ein komplexerer Gesamtordnungszustand des Systems als

Ganzem einstellt, einhergehend mit einem qualitativ neuen Systemverhalten auf einer höheren Analyseebene, wobei diese wiederum vermehrt den einzelnen Systemkomponenten kausal aufgezwungen wird.

4.2 ZIRKULÄRE KAUSALE AUTOKATALYTISCHE UND CROSSKATALYTISCHE SYSTEMDYNAMIK

Diese fluiden, prozessualen Selbstorganisationsmechanismen, auch als „Prozeßstruktur" bezeichnet (MAURER (2006 (2009)), (2014a), JANTSCH (1979), WOLSTENHOLME (1990), s. auch SCHMIDT (2008)), die die kohärente (Gesamt-)Aktivität der einzelnen Systemkomponenten erzeugen, bestehen – vor allem bei komplexeren physikalisch-chemischen, (neuro-)biologischen und (neuro-)kognitiven Systemen – aus kausalen, zirkulär strukturierten und ineinandergeschachtelten Zusammenschlüssen von positiven oder negativen Rückkopplungsschleifen bzw. Rückkopplungskreisläufen (engl. "feedback loops"), sodaß sich eine zirkulärkausale autokatalytische oder crosskatalytische Systemdynamik entwickeln kann, wie z.B. bei den oszillierenden (chemischen) (Reaktions-)Systemen im Rahmen der sog. „BELOUSOV-ZHABOTINSKY-Reaktion" und bei den selbstinstruktiven und selbstreproduktiven Biosynthese-(-reaktions-)zyklen, den „Hyperzyklen", im Rahmen der Selbsterhaltung von biologischer Information in biomolekularen Systemen (EIGEN (1971a), EIGEN & SCHUSTER (1977, 1979)).

Dabei beginnt ein Selbstorganisationsprozeß im allgemeinen mit einem prozessualen Selbstorganisationsmechanismus mit einer positiven, d.h. (sich selbst) verstärkenden Rückkopplung, die zumeist zu einer – mit übermäßiger (Wachstums-)Beschleunigung ablaufenden – stabilen Systemkonfiguration im Sinne eines (Fließ-)Gleichgewichts führt, während ein solcher Prozeß dann mit einer negativen, d.h. (sich selbst) dämpfenden oder (sich selbst) unterdrückenden Rückkopplung, ein dann eintretendes, übermäßig negativ abweichendes Systemverhalten – im Rahmen einer Fehlerkorrektur – zu einer stabileren Systemkonfiguration zurückbringt, wobei im Rahmen einer zirkulärkausalen Analyse noch ein Zeitverzögerungsparameter (engl. "delay") zwischen den kreisförmig angeordneten Ursachen und Wirkungsbeziehungen zu beachten ist.

4.3 FERN-VOM-GLEICHGEWICHTSDYNAMIK BZW. FLIESSGLEICHGEWICHTSDYNAMIK

Im Gegensatz zu den konservativen Selbstorganisationsmechanismen in der Nähe des thermischen Gleichgewichts bei zumeist physikalisch-anorganischen (abgeschlossenen) Systemen, wie z.B. der Dipolausrichtung eines Ferromagneten (ISING-Modell (HÜTT (2006); HÜTT & MARR (2006)) oder der Kristallisation, erzeugen die fluiden prozessual-zirkulären Selbstorganisationsmechanismen (s. Kap. 4.2) von (offenen) dynamischen Systemen eine Fern-vom-Gleichgewichtssystemdynamik, auch Fließgleichgewichtssystemdynamik genannt (PRIGOGINE (1980), NICOLIS & PRIGOGINE (1977)); s. auch von BERTALANFFY (1950b), HAKEN ((1982) 1990), SCHRÖDINGER (1944); einführend (MAINZER (1999, 1994a,b, 1993, 2005), JANTSCH (1981)). Diese zeichnet sich dadurch aus, daß sich im Rahmen von (positiven und negativen) Rückkopplungskreisläufen Fließmuster bilden, indem andauernd Systemkomponenten im Austausch mit der Systemumgebung derart durchlaufend ersetzt werden, sodaß sich ein beständig sich erhaltendes Fließgleichgewicht einstellt, sofern anhaltend der Austausch von Materie, Energie und Information des Systems mit der Umgebung gewährleistet ist. M.a.W., während man in der klassischen Thermodynamik ein von der Umgebung isoliertes System betrachtet, dessen thermodynamische Entropie gemäß dem Zweiten Hauptsatz der Thermodynamik nur zunehmen kann, bis es auf Grund von irreversiblen, d.h. zeitlich nicht umkehrbaren, Prozessen in seinen thermodynamischen Gleichgewichtszustand überführt worden ist, entwarf der russisch-belgische Physikochemiker Ilya PRIGOGINE eine nichtlineare Nichtgleichgewichts-Thermodynamik, wonach ein offenes dynamisches System ständig freie Energie mit niegriger Entropie aus der Umgebung derart importiert, daß sich die innere Erzeugung von Entropie und der Export von Entropie an die Umgebung einander die Waage halten, wodurch das System seine interne Systemstruktur unter den Bedingungen „fernab vom Gleichgewicht" aufrechtzuerhalten vermag, d.h., „das System erneuert sich ständig selbst" (JANTSCH (1979)). Damit konnte man erstmals spontane Selbstorganisationsprozesse in oszillierenden (chemischen) (Reaktions-)Systemen erklären, wie z.B. der sog. „BELOUSOV-ZHABOTINSKY-Reaktion", indem, solange ein beständiger Durchfluß an Energie durch das System stattfindet, die Abnahme an Entropie durch „dissipative Selbstorganisation" mehr als kompensiert wird infolge der Abgabe von Energie mit hoher Entropie an die Umgebung, weshalb die derart ausgebildeten raum-zeitlichen internen Strukturen in diesen Systemen als „dissipative Strukturen" bezeichnet werden (MAURER (2014a): Kap. 1.25.01; BANZHAF (2009)).

4.4 RELATIV AUTONOME UND ADAPTIVE SYSTEMREGULATION BZW. SYSTEMKONTROLLE

Dieser konstante (Transport- und Transformations-)-Fluß an zirkulierender Materie, Energie und Information durch das System hindurch, befähigt es zum einen, ein viel höheres Maß an variableren, adaptiveren Systemverhaltensweisen zu entwickeln, um wirksam die auftretenden Störungen aus der Systemumgebung zu kompensieren, zum anderen führt die zunehmende Abhängigkeit von den systemexternen Materie-, Energie- und Informationsquellen dazu, daß ein solches System fragiler und sensitiver gegenüber den grundlegenderen Veränderungen in der Umgebung wird (vgl. HEYLIGHEN (2001)). Daher tendiert ein dynamisches System dazu, mit seinen zirkulären Prozeßmechanismen einen möglichst hohen Grad an operationaler Geschlossenheit zu erreichen, sodaß ein globaler Systemprozeß etabliert werden kann, vermöge dessen das System kontinuierlich und rekursiv seine physischen Systemkomponenten selbstreproduziert und selbstrekonstruiert (sog. „Autopoiesis": VARELA, MATURANA & URIBE (1974), VARELA (1975, 1979); KAMPIS (1991), ZELENY (1980, 1981)). Diese organisatorisch geschlossenen, autokatalytischen oder crosskatalytischen Zyklen von biochemischen und neurochemischen Prozessen, bei denen die Produktion eines jeden Moleküls, partizipierend in dem betreffenden Zyklus, katalysiert wird von einem anderen Molekül oder einer anderen Molekülverbindung in dem Zyklus, oder von einem benachbarten angekoppelten Zyklus, bilden somit die Grundlage dafür, daß sich bei komplexeren Systemen eine hierarchische Systemorganisation mit relativ autonomen Subsystemen einstellt, bis hin zu einer prozessualen globalen Systemkonfiguration mit einer definiten Systemgrenze gegenüber einer externen Systemumgebung (vgl. HEYLIGHEN & JOSLYN (2001)). Die Systemhierarchie hat dabei einer optimalen Synthese aus einem möglichst hohen Grad von funktionaler Spezialisiertheit der einzelnen Subsysteme und einem hohen Grad von funktionaler Integriertheit dieser Subsysteme innerhalb eines Systems zu entsprechen (TONONI, SPORNS & EDELMAN (1994), TONONI, EDELMAN & SPORNS (1998), EDELMAN & TONONI (2000)).

Darüber hinaus wird damit aber erst dann ein Konzept eines erhöhten Grades einer adaptiven, basalen Autonomie bei komplexen dynamischen Systemen als Ganzem gewährleistet, wenn eine zyklische und rekursive metabolische Systemorganisation aufrechterhalten werden kann, die, zum einen, anhand von selbstkonstruktiven (Prozeß-)-Mechanismen beständig die globale Systemstruktur mit ihrer operationalen Geschlossenheit im wesentlichen bewahrt, und, zum anderen, bedingt durch die thermodynamische Offenheit des dynamischen Systems, ein effizientes Systemverhaltensrepertoire generiert, indem die freie Sytemenergie funktionell in optimaler, selbstreferentieller Weise umgesetzt wird (sog. "work-constraint (W-C) cycle": KAUFFMAN (2000), RUIZ-MIRAZO & MORENO (2004), RUIZ-MIRAZO, PERETÓ & MORENO (2004), BARANDIARAN & MORENO (2006)).

4.5 DISTRIBUIERTE SYSTEMREGULATION UND ROBUSTE, STABILE SYSTEMFUNKTIONEN

Wie bereits angedeutet (Kap. 4.4), ist die Kontroll- bzw. Regulationsfunktion der redundanten und distribuierten Systemorganisation dezentral über das dynamische System als Ganzem verteilt, sodaß die Systemelemente und die darauf aufbauenden Subsysteme anhand der (ineinandergeschachtelten) Rückkopplungseffekte relativ autonom funktionieren, bestens illustriert z.b. beim menschlichen Gehirn und dessen künstlichen Modellarchitekturen, dessen Kontrollmechanismen der neuronalen Organisation und Dynamik über eine Vielzahl von Netzwerken mit interagierenden Neuronen(-assemblies) aufgeteilt, und die neuralen Informationen verteilt gespeichert sind (sog. "Parallel Distributed Processing": RUMELHART & McCLELLAND (1986a,b), CLARK (1989); Distributed Representations: HINTON, McCLELLAND & RUMELHART (1986); MAURER (2014a: Kap. 2.2)). Dies führt dazu, daß – analog wie bei der Funktionsweise eines optischen Hologramms – auch bei einem bisweilen beträchtlichen Ausfall von Neuronen mit „verrauschten", unvollständigen, ungenauen, widersprüchlichen und sonstwie gestörten oder fehlerhaften Daten umgegangen werden kann (engl. "resistance to noise"), oder im Wege eines stetigen Leistungsabfalls ausgeglichen werden kann, d.h. im Wege einer graduellen Kompensation liefert das Modell noch brauchbare, wenn auch unschärfere Ergebnisse (engl. "graceful degradation" (McCLELLAND, RUMELHART & HINTON (1986), MAURER (2014a: Kap. 2.282). M.a.W., das System besitzt eine hinlängliche Stabilität – im Sinne einer (nur) graduellen Abnahme der (globalen) Systemleistung – dadurch, daß es über geeignete und angemessene Korrekturmechanismen verfügt, die gegenüber (zufälligen) Perturbationen immer wieder robuste und resiliente Systemstrukturen und Systemfunktionen herstellen und aufrechterhalten kann.

4.6 NICHTLINEARE SYSTEMFUNKTIONALITÄT UND PROBABILISTISCHE SYSTEMPROGNOSE

Wie bereits erwähnt (Kap. 4.3), operieren offene, dynamische Nichtgleichgewichts-Systeme mit nichtlinearen Funktionen, z.B. mit einer polynomialen, einer Exponential- oder einer logistischen Funktion, z.B. in den Aktivierungsfunktionen von technischen Neuronen in kognitiven Neuroarchitekturen (MAURER (2014a: Kap. 1.223, 2.211), die – vor allem im Rahmen von (positiven) Rückkopplungseffekten (HEYLIGHEN (2001)) – dazu führen, daß recht kleine Schwankungen überproportional verstärkt werden können (s. Kap. 4.2), sodaß kleine Unterschiede in den Mikrozuständen des Systems, d.h. in den Anfangswerten der Systemvariablen, zu grundsätzlich verschiedenen (qualitativen) Makrozuständen des

Systems führen können, m.a.W. ein hoher Grad an Sensitivität gegenüber den Anfangs- und Randbedingungen gegeben ist (PRIGOGINE & STENGERS (1993), MAURER (2014a: Kap. 1.231, 1.232)). Ein dynamisches (chaotisches) System (LEVEN, KOCH & POMPE (1994), PEITGEN et al. (1994), SCHUSTER & JUST (2005)) ist daher geprägt von der Nichtvorhersehbarkeit des Systemverhaltens auf Grund eben dieser empfindlichen Abhängigkeit von den Ausgangsbedingungen, d.h. auf Grund der ungenauen Kenntnis der Ausgangsbedingungen und der Entwicklung der Randbedingungen während des fortlaufenden nichtlinearen Berechnungsprozesses. Die Prognose eines selbstorganisierten Systems unterliegt demzufolge neben diesen Einschränkungen zudem noch, z.B. bei neurobiologisch plausiblen kognitiven Neuroarchitekturen, weiteren Beschränkungen, gegeben durch die Verwendung von stochastischen Synapsen (MAASS & ZADOR (1998a, 1998b, 1999), EL-LAITHY & BOGDAN (2009)), die nur Wahrscheinlichkeitsübergänge vom vorherigen zum jeweils nächsten Systemzustand erlauben, sodaß zwar die Systementwicklung im nachhinein im Rahmen einer deterministischen Kausalanalyse nachvollzogen werden kann, aber zum Zeitpunkt der betreffenden Entscheidung, welcher Systementwicklungspfad eingeschlagen wird, lediglich gewisse Wahrscheinlichkeits(-vor-)aussagen getroffen werden können.

4.7 SYSTEMKONVERGENZ UND INTERNE STABILE SYSTEMELEMENTKONFIGURATIONEN

Unter Verwendung einer mathematischen Terminologie kann man dies auch unter dem Problem der Stabilität eines nichtlinearen selbstorganisierten Systems betrachten: Da die dabei verwendeten nichtlinearen Differentialgleichungssysteme in der Regel mehrere Lösungen besitzen, bedeutet dies, daß das System ein gewisses Spektrum an verschieden wahrscheinlichen stabilen Konfigurationen anstreben kann, wobei die Präferenz für eine bestimmte stabile interne Systemstrukur u.a. auch von stochastischen Fluktuationen abhängt. M.a.W., im Rahmen von Rückkopplungskreisläufen kommt es zu einer „lawinenartigen" Selbstverstärkung von bereits bestehenden Schwankungen, sodaß eine Selektion einer begrenzten Anzahl von bestimmten kohärenten Systemverhaltensmustern vorgenommen wird, z.B. einer (Feld-)Mode (HAKEN ((1982) 1990, 1988a)), und damit die gesamte Systemdynamik – über einem bestimmten Bereich der kritischen Systeminstabilität, der sog. „Bifurkation" – im Rahmen des sog. „Versklavungsprinzips" (HAKEN (1982) 1990) nur anhand einer geringen Anzahl von dominanten Systemvariablen, den „Ordnungsparametern" (HAKEN ((1982) 1990, 1988a, 1988b)), bestimmt werden kann. Die Information über eine bestimmte angestrebte Systemkonfiguration – in Form eines (Zustands-)Vektors eines n-dimensionalen (System-)Zustandsraums – kann man dann mathematisch als einen konvergenten Systemprozeß hin zu relativ invarianten, stabilen Systemzuständen, den „Attraktoren" mit einem entsprechenden „Attraktorbecken" bzw. „Attraktorbassin" beschreiben. Geometrisch interpretiert, entsprechen sie einem (Raum-)Gebiet im Zustandsraum, auf das von beliebigen Startpunkten in einem bestimmten Umfeld aus benachbarte Trajektorien asymptotisch zusteuern, m.a.W. das diese Trajektorien „anzieht". Informationstheoretisch interpretiert, entspricht dies einer (spontanen) Reduktion der statistischen (Informations-)Entropie (SHANNON (1948), SHANNON & WEAVER (1949); einführend LYRE (2002), GLASER (2006), JAYNES (2010), KAMPIS (1991), MAURER (2014a: Kap. 4.1)), d.h. einer Verminderung der (mittleren) Unsicherheit oder Unbestimmtheit der Vorhersage einer Systemzustandsinformation im Rahmen einer Wahrscheinlichkeitsverteilungsfunktion.

4.8 SELBSTORGANISIERTE BZW. SELBSTGENERIERTE STRUKTURELLE SYSTEMKOMPLEXITÄT

Sowohl diese statistische Theorie der (potentiellen) Information als auch die algorithmische Theorie der (aktuellen) Information (KOLMOGOROV (1965, 1968), CHAITIN (1975), SOLOMOMOFF (1964a, 1964b); einführend: LYRE (2002), MAURER (2014a: Kap. 1.224)), wonach ein komplexes System anhand einer möglichst minimal kompakten und effizienten Komprimierung von (algorithmischer) Information im Rahmen eines digitalen Computerprogramms zu erfassen versucht wird, kann nun dazu verwendet werden, um die (selbst-)organisierte bzw. (selbst-)generierte strukturelle und funktionelle Komplexität eines Systems quantitativ zu definieren (MAINZER (1994c (2007)), MORIN (2008), LADYMAN et al. (2013)): Im ersten Fall einer statistischen entropiebasierten Informationstheorie geschieht dies z.B. im Rahmen des sog. "Organic Computing" (SCHMECK et al. (2011), BRANKE et al. (2006), NAFZ et al. (2011)) und anderer verwandter Ansätze (GERSHENSON & HEYLIGHEN (2003), SHALIZI & SHALIZI (2005), KREYSSIG & DITTRICH (2011)), oder im Rahmen des sog. "Functional Clustering Model" (TONONI, SPORNS & EDELMAN (1994), TONONI, EDELMAN & SPORNS (1998); einführend: MAURER (2014a: Kap. 4.3.01) und der sog. "Information Integration Theory (IIT) (of Consciousness") (TONONI & SPORNS (2003), TONONI (2004); einführend: MAURER (2014a: Kap. 4.3.01)).

5. EXKURS: SELBSTORGANISATION(-SMECHANISMEN) IN DER NEUROKOGNITION

5.1 Mit Bezug auf die kognitiven Neuroarchitekturen des deutschen Kognitionswissenschaftlers und Philosophen Markus WERNING (2004, 2005a, 2005b, 2012), des finnischen Ingenieurs und Neuroinformatikers Teuvo KOHONEN (2001), der U.S.-amerikanischen Mathematiker, Kognitionswissenschaftler und Neuroinformatiker Stephen GROSSBERG (1976a, 1976b, 1976c), und Gail CARPENTER (1987a, 1987b, 1988), des U.S.-amerikanischen Biologen und Theoretischen Neurowissenschaftlers Walter FREEMAN (1972, 1995, 2000), des israelischen Neurowissenschaftlers Moshe ABELES (1991) und des israelischen Mathematikers und Neurowissenschaftlers Elie BIENENSTOCK (1995), kann die Natur der vektoriellen Form der neurokognitiven Information (s. Kap. 5.4) anhand einer Metapher illustriert werden, u.z. anhand der sog. „Gebirgssee- und Gebirgsbach-Metapher" (MAURER (2014a: Kap. 6.2), s. auch PIPA (2010)), wobei der Modus der neuralen Informationsverarbeitung im menschlichen Gehirn und damit im Funktionieren des menschlichen Geistes am besten modelliert werden kann mit Hilfe von selbsterregten, selbstverstärkenden und sich selbst erhaltenden nichtlinearen Wellenfunktionen bzw. Wellenformen, die sich wechselseitig in fluiden, mehrfach rückgekoppelten und zyklischen Selbstorganisationsmechanismen auf der

Grundlage des physikalischen Superpositionsprinzips überlagern – in Anwendung von Konzepten vor allem aus der Theoretischen Physik, u.z. der Hydro- und Elektrodynamik, der optischen Holographie, der Quantenmechanik sowie der statistischen Thermodynamik, und der physikalischen Chemie.

5.2 Dabei wird vor allem der Hypothese nachgegangen werden, ob und inwieweit man eine (Wahrscheinlichkeits-)Wellenfeldtheorie der Neurokognition (erste Ansätze hierzu bieten z.B. AMARI (1977, 1980, 1983), AMARI & ARBIB (1977), KISHIMOTO & AMARI (1979); WILSON & COWAN (1973), s. auch WERNING (2004, 2005a, 2005b, 2012)) als eine plausible Fundamentalmodellklasse der Neurodynamik der neuralen Informationsverarbeitung ansehen kann (vgl. SCHMIDT (2008)). Die damit verbundene Stabilitätsproblematik (s. Kap. 4.7) von kontinuierlichen (Wander-)Wellenformen, insbesondere im Rahmen der Theorie der Solitone (erste Ansätze hierzu s. z.B. TROY (2008), GOLOMB (2008); s. auch APPALI, VAN RIENEN & HEIMBURG (2012); SCOTT (1995, 2007)) und deren Anwendung auf Themen der Modellierung von künstlichen (rekurrenten) neuronalen Netzwerken in den kognitiven Neurowissenschaften und der Neuroinformatik wird m.E. als ein sehr vielversprechender Ansatz angesehen, das (allgemeine) Bindungsproblem in den kognitiven Neurowissenschaften mit Hilfe des Prinzips der temporalen

Synchronizität (sog. "Binding-By-Synchrony-Hypothesis": SINGER (1999), VON DER MALSBURG (1981); einführend MAURER (2014a): Kap. 3.4) (s. Kap. 4.1)) zufriedenstellend zu lösen, d.h., (Ver-)Bindungen von Informationskomponenten zu (en-)kodieren bzw. zu repräsentieren, beginnend von den grundlegendsten perzeptuellen Repräsentationen, wie z.b. einem visuellen Objekt ("feature binding") (MAURER (2014a): Kap. 6.3)), bis hin zu den komplexesten kognitiven Repräsentationen, wie z.b. einer kompositionalen Symbolstruktur ("variable binding") (MAURER (2014a): Kap. 6.4).

Somit kann z.B. die neurale Informationsspeicherung und der neurale Informationsabruf im Langzeitgedächtnis verstanden werden anhand von adaptiven Resonanzmechanismen in den dominanten Wellenformen, oder „Moden" (GROSSBERG & SOMERS (1991) und CARPENTER, GROSSBERG & ROSEN (1991)), und anhand des „Erwärmens" und „Abkühlens" von Oszillationsmoden in Form von (Vektor-)-Strömen der Informationsprozesse im Kontext von komputationalen „Energiefunktionen", wie z.B. in der Harmonietheorie des U.S.-amerikanischen Linguisten und Kognitionswissenschaftlers Paul SMOLENSKY's (SMOLENSKY 1984a, 1984b, 1986a, 1986b, 1995, 2006; einführend MAURER (2014a): Kap. 4.3.02).

Nach dem deutschen Physiker und Neuroinformatiker Christoph VON DER MALSBURG (1981), dem chilenischen (Neuro-)Biologen und Philosophen Humberto R. MATURANA (1994), dem deutschen Philosophen und Wissenschaftstheoretiker Klaus MAINZER (1994a,b) und dem britischen Physiker, Mediziners und Neurowissenschaftlers Karl John FRISTON (2009, 2010), hat man daher für eine statistische Korrelationstheorie der neuralen Funktion zu optieren, mit anderen Worten: ein Neuron mit plastischen stochastischen Synapsen funktioniert als ein „Koinzidenzdetektor" (HEBB (1949), ABELES (1982a, 1994)), u.z. im Rahmen einer "online and realtime computation" (MAASS, NATSCHLÄGER & MARKRAM (2002)) derart, daß sich mit einer erhöhten Wahrscheinlichkeit gerade diejenige Konfiguration der Synapsenvariablen mit optimaler kollektiver Kooperation zwischen den aktiven Synapsen einpendelt, im Vergleich zu den anderen konkurrierenden suboptimalen Konfigurationen (sog. "integrated information"; TONONI & SPORNS (2003), TONONI (2004)).

Ein neuromentales Konzept kann man daher als einen statistischen vektorbasierten Prototypen (KOHONEN (2001), GROSSBERG (1976a, 1976b, 1976c), CARPENTER & GROSSBERG (1987a), CHURCHLAND (1989)) auffassen, der die Basis abgibt für dementsprechende Wahrscheinlichkeitshypothesen im Sinne des Bayesianismus (sog. "predictive coding": CLARK (2013); s. auch FRISTON (2009, 2010), FRISTON, STE-PHAN & KIEBEL (2009), KNILL & POUGET (2004)) mit Bezug auf zukünftige Informationsverarbeitungsprozesse.

Dabei wird vor allem mit Bezug auf die selbstorganisierten rekurrenten Neuroarchitekturen ("reservoir computing": JAEGER (2002) 2008), LUKOŠEVIČIUS & JAEGER (2009), LUKOŠEVIČIUS, JAEGER & SCHRAUWEN (2012)) zu untersuchen sein, inwieweit bei einem nichtlinearen (Nichtgleichgewichts-)System wie dem neurokognitiven System des Menschen die Teil/Ganzes-Relation neu zu definieren sein wird, insbesondere inwieweit neben dem kausalen (Nahbereichs-)Wechselwirkungsmechanismus der Systemkomponenten zueinander und mit Bezug auf die globale Systemphänomenebene ("bottom up causation") im Rahmen von vielfach rückgekoppelten Kreislauffließmustern, den sog. „Prozeßstrukturen" (MAURER (2014a: Kap. 7.2)), zusätzlich noch ein kausaler (Rückwirkungs-)Mechanismus von der globalen Systemebene hin zu den Systemelementen und Subsystemen gegeben sein wird ("top down causation"), mit anderen Worten, eine Neubestimmung des Emergenzproblems vorgenommen werden wird (KREYSSIG & DITTRICH (2011); quantitative emergence: MÜLLER-SCHLOER (2004), MÜLLER-SCHLOER & SICK (2008), MNIF & MÜLLER-SCHLOER (2006), WRIGHT et al. (2001)).

5.3 Diese fluiden, integrativen (Selbstorganisations-)-Mechanismen der Neurokognition mit zeitlichem Bindungscharakter, die im Rahmenkonzept eines nichtlinearen, dynamischen und offenen Nichtgleichgewichts-Systems modelliert werden können, verwenden dabei im Kern zyklische Prozeßstrukturen (MAURER (2014a); s. (1.43, 1.44)), die anhand des allgemeinen Prinzips der Selbstorganisation, insbesondere anhand der dissipativen Selbstorganisation (PRIGOGINE (1962, 1980), PRIGOGINE & LEFEVER (1973), NICOLIS & PRIGOGINE (1977, 1989), KONDEPUDI & PRIGOGINE (1999); s. 4.3), und schließlich anhand der entsprechenden Selbst-X-Eigenschaften des sog. "Organic Computing" (VON DER MALSBURG (1999, 2008), MÜLLER-SCHLOER, VON DER MALSBURG & WÜRTZ (2004), WÜRTZ (2008), MÜLLER-SCHLOER & SCHMECK (2011), SCHMECK et al. (2011), GUTMAN et al. (2011), MAINZER (2008)) charakterisiert bzw. definiert werden können. Die damit einhergehende formale Analyse dieser dynamischen (Selbstorganisations-)Prozeßstrukturen beinhaltet vor allem auch eine Analyse im Sinne der mathematischen Stabilitätstheorie, m.a.W. die Definition einer stabilen (Selbstorganisations-)Prozeßstruktur (BRANKE et al. (2006), ÇAKAR et al. (2007, 2011), DE WOLF & HOLVOET (2005), HEYLIGHEN (2001), GERSHENSON & HEYLIGHEN (2001), LENDARIS (1964), MÜHL et al. (2007)), die mit Bezug auf die betreffenden kognitiven Neuroarchitekturen im Systemtheoretischen (Neo-)Konnektionismus (s. Kap. 5.4) mit dem Stabilitäts-Plastizitäts-Dilemma konfrontiert wird (COHEN & GROSSBERG (1983), CARPENTER & GROSSBERG (1987a, 1987b), GROSSBERG (1980, 1988)).

5.4 Während die algorithmische Klassische Symbolverarbeitungstheorie (FODOR (1976, 2008), FODOR & PYLYSHYN (1988)) ein Kognitionsmodell anhand der Transformation von diskreten Symbolen und Symbolstrukturen im Rahmen von propositionalen Einstellungen auf der Grundlage der sog. „logischen Form" entwickelt hat, leistet der Systemtheoretische (Neo-)-Konnektionismus in Gestalt der folgenden „fluiden" kognitiven Neuroarchitekturen (s. hierzu MAURER (2014a))

(01) Integrated Connectionist Symbolic Cognitive Architecture (SMOLENSKY (1994) 1995, 2006)),
(02) Neural Engineering Framework (ELIASMITH & ANDERSON (2003), STEWART & ELIASMITH (2012)), ELIASMITH (2013)),
(03) Oscillatory Networks (WERNING (2001, 2005a, 2005b, 2012)),
(04) Synaptic Stochastic Model (MAASS & ZADOR (1998a, 1998b, 1999)),
(05) Self-Organizing (Feature) Map (KOHONEN (1982a,b,c, 1984, 1988, 2001)),
(06) Adaptive Resonance Theory (GROSSBERG & CARPENTER (1976a, 1976b, 1976c, 1987a, 1987b, 1988, 1990)),
(07) K0-KV (Katchalsky) Set Attractor Network (FREEMAN (1987, 1995, 2000a, 2000b)),
(08) Synfire Chains and Corticonics (ABELES (1982a, 1982b, 1991)),

(09) Information Integration Theory (TONONI & SPORNS (2003), TONONI (2004)),
(10) Free-Energy Principle (FRISTON (2009, 2010)),
einen vielversprechenden Beitrag, ergänzend hierzu, eine Brücke zu schlagen, hin zu plausibleren (Simulations-)Modellen der Neurokognition, im Sinne der kognitiven Neurowissenschaften, indem bei der modelltheoretischen Abstraktion verstärkt die Beschaffenheit und die Arbeitsweise des menschlichen Gehirns Berücksichtigung findet ("brain style modeling"). Dies gelingt vor allem dadurch, daß der Systemtheoretische (Neo-)Konnektionismus, basierend auf dem mathematischen Instrumentarium der nichtlinearen Dynamischen Systemtheorie (DST) unter Einschluß des Paradigmas der Selbstorganisation, dynamische Bindungsmodelle mit integrativen dynamischen Mechanismen bereitstellt, die, auf der Grundlage der sog. „vektoriellen Form" (MAURER (2006 (2009), 2014a)), in der Lage sind, das (allgemeine) Bindungsproblem in den kognitiven Neurowissenschaften zufriedenstellend zu lösen.
 Damit kann man m.E. (Neuro-)Kognition am überzeugendsten als einen inhärent dynamischen Prozeß im Sinne des australischen Philosophen und Kognitionswissenschaftlers Timothy VAN GELDER und des U.S.-amerikanischen Linguisten und Kognitionswissenschaftlers Robert F. PORT (PORT & VAN GELDER (1995)) und des U.S.-amerikanischen Kognitionswissenschaftlers Randall D. BEER (BEER (2000, 2008))

beschreiben und erklären, sodaß ein mentales Phänomen im Grunde am besten anhand einer konvergenten fluiden und transienten Neurodynamik in abstrakten "n-dimensionalen Systemphasenräumen" in Form von nichtlinearen Vektorfeldern, Vektorströmen oder Vektorflüssen im Rahmen von den oben erwähnten fluiden kognitiven Neuroarchitekturen analysiert werden kann (s. z.B. auch FOSS (1988), NORTON (1995)).

Diese Modelle, indem sie integrative und dynamische Mechanismen der temporalen (Phasen-)Synchronizität verwenden, vermitteln damit neue Einsichten im Dienste einer integrativen Theorie der (Neuro-)Kognition, und verweisen auf eine moderne Neurophilosophie als einer "Unified Science of the Mind/Brain" (SMOLENSKY & LEGENDRE (2006)): Das Gehirn bzw. der Geist, m.a.W. das menschliche neurokognitive System, kann nunmehr als ein nichtlineares, dynamisches und offenes Nichtgleichgewichts-System betrachtet werden (GLANSDORFF & PRIGOGINE (1971), NICOLIS & PRIGOGINE (1977), VON BERTALANFFY (1950a (2010), 1950b, 1953, 1968), SCHRÖDINGER (1944)), das im Rahmen einer nichtlinearen Nichtgleichgewichts-Neurodynamik beschrieben werden kann: In einem kontinuierlichen Informationsverarbeitungsfluß ("online and realtime computation" (MAASS, NATSCHLÄGER & MARKRAM (2002)) ist das System bestrebt, systemrelative und systemrelevante Informationen mit einem hohen

Ordnungsgrad mit optimaler Effizienz aus seiner Systemumgebung herauszufiltern, und diese Informationen optimal in seine Informationsstrukturen zu integrieren, die bis zu diesem Zeitpunkt erstellt worden sind ("Free-Energy Principle": minimisation or optimisation of free energy; FRISTON (2003, 2010), FRISTON & STEPHAN (2007), SPORNS (2011), MAURER (2014a): Kap. 4.3.03).

Diese prozessuale oder dynamische Perspektive der systemtheoretischen Neurokognition einschließlich der oben beschriebenen dynamischen Bindungsmechanismen haben mit ihrer kontinuierlichen, numerischen Implementation in selbstorganisierten, rekurrenten neuronalen Netzwerken den Vorzug einer akkurateren und präziseren Modellierung der fluiden und transienten mentalen Prozesse und der Plastizität der menschlichen neuralen Dynamik.

Damit stellt sie ein Paradebeispiel dar, um als ein Ausgangspunkt einer exakteren philosophischen (Begriffs-)Analyse des modernen (allgemeinen) Selbstorganisationsprinzips zu dienen.

6. WISSENSCHAFTSTHEORETISCHE ANALYSE DER DYNAMISCHEN FLUIDEN SELBSTORGANISATIONS-MECHANISMEN

6.1 Was die philosophische Begriffsanalyse dieser dynamischen, fluiden Selbstorganisationsmechanismen betrifft, wird eine allgemeine, hierarchische und systematische Schematypologie von zyklischen bzw. zirkulären (System-)Prozeßstrukturen und den darauf aufbauenden (dissipativen) selbstorganisierten Systemen entwickelt werden müssen, die dadurch gekennzeichnet sind, daß sie sich – fern vom (thermodynamischen) Gleichgewicht – auf Grund der zyklischen, d.h. geschlossen zirkulären, Organisation ihrer transformatorischen oder auto- bzw. crosskatalytischen Prozesse – zu einem hohen Grad – autonom und konstruktiv selbst erhalten und erneuern können, und sie sich zugleich – über eine nichtlineare Selbstverstärkung von kleinsten (statistischen) Fluktuationen – im Rahmen einer Instabilität (s. SCHMIDT (2008)) hin zu einer neuen dynamischen globalen Systemstruktur (Regime) im Sinne eines Fließgleichgewichts weiterentwickeln können, unter den Bedingungen eines beständigen und offenen Austauschs von Energie, Materie und Information zwischen den Systemstrukturen und der Systemumgebung, sodaß sie die gewonnene freie Energie optimal in systemfunktionales Verhalten transformieren können (vgl. JANTSCH (1979, 1980, 1981, der ein erstes verallgemeinertes Schema entwickelt hat)).

6.2 Dabei ist – wie bereits erwähnt (s. Kap. 4.2) – ein Zusammenspiel einer Vielzahl von (nichtlinearen) (ineinander verschachtelten) positiven, d.h. sich selbst verstärkenden bzw. sich selbst vermehrenden, und negativen, d.h. sich selbst dämpfenden, abschwächenden bzw. sich selbst vermindernden, Rückkopplungskreisläufen und Rückkopplungsschleifen entscheidend, sodaß sich kausal bottom-up und top-down gerichtete, im weitesten Sinne metabolische Konstruktions- und Dekonstruktions- bzw. Diffusionsmechanismen entweder die Waage halten oder, falls dies nicht der Fall ist, ein solches System eine polynomiale Wachstumsdynamik ausbilden kann (Ketten- bzw. Kaskadenreaktionen), wobei Zyklen von Transformationsreaktionen dabei von Katalysatoren unterstützt werden, die nicht selbst dem Zyklus angehören, und umgekehrt (z.B. bei biochemischen, molekular- und zellbiologischen Systemen). Desweiteren lassen sich nunmehr – bisher etwa ein Dutzend – interdisziplinär immer wiederkehrende, prototypische (Prozeß-)Strukturschemata in selbstorganisierenden komplexen Systemen identifizieren (s. insbesondere die aus der "system dynamics" entstandenen sog. "archetypal structures", "system archetypes"; vgl. KIM (1993), KIM & ANDERSON (1998) und SENGE (1990), die eine erste verallgemeinerte Systematik von Prototypen zusammengestellt haben)), die dazu dienen, die Analyse, Dynamik und Prognose eines solchen (nichtlinearen) Systems in der Zeit besser zu verstehen: Dabei können sich mehrere solcher Prozeßzyklen derart überkreuzen, überschneiden bzw. überlappen, kreisförmig aneinanderreihen oder mehrere Kreisfließmuster ineinanderschachteln, daß, trotz des komplizierten, (poly- bzw. zirkular-)kausalen und kombinatorischen Zusammenspiels von positiven und negativen Rückkopplungskreisläufen in Zusammenhang mit zeitlichen Verzögerungseffekten, etwaige Fehleinschätzungen auf Grund der beschränkten linearen Analysemethoden verhindert werden können, sodaß mit diesem nichtlinearen Systemdenken komplexere Probleme in einer Vielzahl von (All-)Lebenssituationen überzeugender angegangen werden können. Diese quantitativen und qualitativen Modellkonstruktionen beschäftigen sich im Kern damit, soweit als möglich iso- und homomorphe, oder zumindest homo- und analoge (Prozeß-)Strukturen in solchen zyklischen, interdisziplinären Systemprozessen aufzudecken, angefangen von relativ einfachen, kybernetischen Regelkreisen bis hin zu den komplexesten Systemen mit komplizierten, multirekurrenten Netzwerken von solchen (Transformations- und (Auto-)Katalyse-)Zyklen, z.B. bei neuronalen bzw. neurokognitiven System(-architektur-)en, was schließlich auch zu einer wechselseitigen Koevolution im Rahmen von „Ultrazyklen" zwischen solchen, z.B. biologischen, sozialen, ökonomischen und soziokulturellen, selbstorganisierten Systemen führen kann.

6.3 Neben einer Vielzahl von Zyklen, z.B. auch in der Astrophysik, der Nuklearphysik, der Biochemie, der Ökologie, der Virologie und der Zellphysiologie, sind dabei die folgenden wichtigsten prototypischen zyklischen Prozeßstrukturen eingehender zu analysieren:
(01) in der Neuroinformatik die rekurrenten künstlichen neuronalen Netzwerke, z.B. das "Simple Recurrent Network (SRN)" (ELMAN (1990, 1995, 1998); s. einführend MAURER (2014a): Kap. 2.25.02), die "Oscillatory Networks" (WERNING (2001, 2005a, 2005b, 2012); s. einführend MAURER (2014a): Kap. 5.3.01), das "Free-Energy Principle" (FRISTON (2009, 2010); s. einführend MAURER (2014a): Kap. 4.3.03) und die kompetitiven künstlichen neuronalen Netzwerke, z.B. dem "Self-Organizing (Feature) Map (SO(F)M)" (KOHONEN (1982a, 1982b, 1982c, 2001); s. einführend MAURER (2014a): Kap. 4.4.01) und die "Adaptive Resonance Theory (ART)" (GROSSBERG (1976a, 1976b, 1976c), CARPENTER & GROSSBERG (1990); s. einführend MAURER (2014a): Kap. 4.4.02), sowie das "Organic Computing" (VON DER MALSBURG (1999, 2008)),
(02) in der Physik der Laser im Rahmen der „Syner-

getik" (HAKEN ((1982) 1990, 1988a,b); s. einführend MAURER (2014a): Kap. 1.25.02),
(03) in der Physikalischen Chemie die "dissipative structures" im Rahmen der BELOUSOV-ZHABOTINSKY-Reaktion (PRIGOGINE (1980), NICOLIS & PRIGOGINE (1977); s. einführend MAURER (2014a): Kap. 1.25.01),
(04) in der Molekularbiologie die „Hyperzyklen" (EIGEN (1971b), EIGEN & SCHUSTER (1977, 1987a,b, 1979);
s. einführend MAURER (2014a): Kap. 1.25.03),
(05) in der Evolutionsbiologie die adaptiven Systeme, z.B. das "NK Adaptive Landscape Model" (KAUFFMAN & LEVIN (1987), KAUFFMAN (1993, 1995); s. einführend FELTZ (2006), MAURER (2014a): Kap. 1.25.04), s. auch THOMPSON (2004, 2006)),
(06) in der medizinischen Neurophysiologie die "Binding-By-Synchrony (BBS) Hypothesis" (SINGER (1983, 1986, 1990, 1999, 2003 (2011), 2013); s. einführend MAURER (2014a): Kap. 3.4, PIKOVSKY et al. (2001); s. auch VON DER MALSBURG (1973, 1990, 1995, 2002), VON DER MALSBURG & WILLSHAW (1976), TRIESCH & VON DER MALSBURG (2001), SZENTÁGOTHAI & ÉRDI (1989)),
(07) in der Entwicklungs- und der Kognitionspsychologie der "dynamic systems approach" (THELEN & SMITH (2006), COLUNGA & SMITH (2008)) und

der "Dynamic Field Approach" (SCHÖNER
(2008, 2009), SPENCER & SCHÖNER (2003); s.
einführend MAURER (2014a): Kap. 2.27.2),
(08) in der Psychotherapie und Psychiatrie die „Systemische Psychologie" (TSCHACHER (1992),
STRUNK (1998), SCHIEPEK (1999a, 1999b, 2003,
2009), SCHIEPEK & TSCHACHER (Hrsg.) (1997),
SCHIEPEK (2006); s. einführend MAURER (2014a):
Kap. 1.25.08),
(09) in der Ökonomie die "archetypal structures",
"system archetypes" (dt.: „Systemarchetypen")
(FORRESTER (1971), WOLSTENHOLME (1990, 1999,
2003), WOLSTENHOLME & CORBEN (1993), KIM
(1993), MROTZEK & OSSIMITZ (2008), SENGE
(1990); einführend KIM & ANDERSON (1998),
BRAUN (2002); s. auch MEADOWS et al. (1972)),
und
(10) in den kognitiven Neurowissenschaften und in
der Kognitionswissenschaft wird dies abschließend ergänzt anhand einer mathematischen
(System-)Analyse im Sinne der Graphentheorie,
der statistischen Mechanik und der (strukturalen)
Algebra, indem z.B. ein allgemeines graphentheoretisches Modell in Bezug auf die Dynamik
in neuralen Assemblies weiterentwickelt werden
wird (erste Ansätze sind bereits entwickelt worden z.B. in PALM (1982); s. einführend auch
MAINZER (2010)), auch unter Einschluß von zyklischen (Prozeß-)Strukturen bis hin zu quantitati-

ven Analysen von allgemeinen topologischen Prinzipien der gesamten neuronalen Netzwerkorganisation (sog. "small-world networks", "connectome") (BULLMORE & SPORNS (2009), SPORNS et al. (2000), SPORNS et al. (2004), SPORNS (2011), WATTS & STROGATZ (1998), STROGATZ (2001), WATTS (1999); s. auch RIECKE et al. (2004), SHAN et al. (2008), LI et al. (2011); einführend (MAINZER (2010), FÜLLSACK (2011))).

6.4 Das Hauptziel der philosophischen Analyse besteht nun darin, auf der Grundlage des allgemeinen Prinzips der Selbstorganisation und der betreffenden (Selbstorganisations-)Mechanismen in den jeweiligen dynamischen Systemen eine neue moderne systemische bzw. systemtheoretische Prozeßphilosophie des 21. Jhdt.'s zu begründen: Das zentrale Charakteristikum dieses Ansatzes bildet der Grundsatz, daß, sofern es sich vor allem um Sachverhalte aus den Bio-, Neuro- und Lebenswissenschaften handelt, transiente Systemprozesse in Form der oben erläuterten Systemorganisation aus zyklischen Prozeßstrukturen in Raum und Zeit im Rahmen der Strukturbildung als grundlegender zu betrachten sind als die zwar zeitlich relativ stabilen, aber in Momentaufnahmen als statisch betrachteten räumlichen Systemstrukturen und Systemelemente, die wiederum im Grunde als Prozesse analysiert und modelliert werden könnten.

6.41 Obwohl das dynamisch-produktive System- und Selbstorganisationsdenken in der Geschichte der westlich-europäischen Philosophie bisher nur eine untergeordnete Bedeutung eingenommen hat, ist es dennoch immer wieder erwogen worden, z.B. in Ansätzen bei HERAKLIT, ARISTOTELES, LUKREZ, G.W. LEIBNIZ, A. SMITH, J.St. MILL, I. KANT, über F.W.J. SCHELLING, G.W. HEGEL, G.Th. FECHNER bis hin zu A.N. WHITEHEAD, wobei diese Konzepte allerdings eher spekulativen Charakter besitzen, und in entscheidender Differenz zu den an den empirischen Naturwissenschaften und den theoretischen Strukturwissenschaften orientierten modernen Selbstorganisationskonzepten stehen (vgl. hierzu PASLACK (1991), KORNWACHS (2008), POSER (2008), GÖTSCHL (2006), HEIDELBERGER (1990), FISCHER (1990), VAN DE VIJVER (2006), KANITSCHEIDER (2006), MAINZER (2010), STEPHAN (1999a), SCHMIDT (2008)). Dennoch wird versucht werden – daran anknüpfend – gewisse Grundgedanken, z.B. den eines vereinheitlichenden Systems bzw. zumindest einer Systematik im Sinne der „Mathesis Universalis" im Sinne des deutschen Philosophen G.W. LEIBNIZ' weiterzuentwickeln, unter Einbeziehung auch der fernöstlich-asiatischen Philosophie, die sich mit dem Denken in dynamischen Zyklen in weit höherem Maß beschäftigt hat, z.B. im Advaita-Vedanta des Hinduismus oder bei NAGARJUNA im Rahmen der Madhyamika-Tradition im Buddhismus (VARELA et al. (1992)).

6.42 In Anküpfung an die "General Systems Theory (GST)" L. VON BERTALANFFY's (Kap. 1.24) wird weiterhin zu untersuchen sein, inwieweit das allgemeine Prinzip der Selbstorganisation in Form einer transdisziplinären Metatheorie zu einem interdisziplinären Forschungsprogramm weiterentwickelt werden kann (s. im Ansatz dazu HÜTT & MARR (2006), KANITSCHEIDER (1981, 2006)), das – auch mit mathematisch-quantitativen Methoden – allgemeine Gesetzmäßigkeiten, z.B. in Form von (prozeß-)strukturellen Homologien, dem Aufweis von allgemeinen Systemprinzipien und dem Entstehen von neuen Systemeigenschaften zur Beschreibung und Erklärung von formal gleichartigen Sachverhalten in den verschiedenen Wissenschaftsdisziplinen bereitzustellen in der Lage ist: Ein grundlegendes Ziel ist dabei die Bestimmung einer allgemeinen, mathematischen (Kern-)Definition von Selbstorganisation bzw. eines selbstorganisierten Systems (s. im Ansatz z.B. SCHMIDT (2008), HÜTT & MARR (2006), HÜTT (2006), LEITGEB (2005), GOUJON (2006), CARRIER (1995), NIEGEL (1992), LOCKER (1992), HOOKER (2011), SNOOKS (2008), POLANI (2002), VAN HULLE (2000), HEUSER (1990), ASHBY (1947)), angelehnt (1) an das Konzept der Struktur im Sinne der (strukturalen) Algebra (BOURBAKI (1961a,b), DIEUDONNÉ (1970), MESAROVIĆ (1972), MESAROVIĆ & Y. TAKAHARA (1975); s. einführend MAURER (2014a): Kap. 1.211)), das mit Hilfe des Konzepts der selbstorganisierten, zyklischen (Prozeß-)Struktur erweitert werden müßte, (2) an das Konzept einer (semantischen) Modelltheorie (THOMPSON (2006), SUPPE (1989), VAN FRAASSEN (1970); s. auch SCHMIDT (2008)), (3) an das Konzept der algorithmischen Struktur bzw. der algorithmischen Komplexität (KOLMOGOROV (1965, 1968), CHAITIN (1975), SOLOMONOFF (1964a,b); BAK et al. (1987), BAK & CHEN (1991), LAURITZEN et al. (1996): "Self Organized Criticality (SOC)"; s. einführend MAURER (2014a): Kap. 1.11, 1.224, 1.233)), (4) an das Konzept des (zufälligen) Graphen (ERDÖS & RÉNYI (1959)) und an das Konzept von (nichtlinearen) Differentialgleichungen mit ihren globalen Kontroll- und Ordnungsparametern (HÜTT (2006), POSER (2008)), sodaß die minimalen notwendigen bzw. hinreichenden Bedingungen aufgewiesen werden können, m.a.W. analytisch zu erfassen, wie in (Vielteilchen-)-Systemen – unter besonderer Berücksichtigung ihrer (Lang-)Zeitentwicklung – elementare lokale Koordinationsalgorithmen zwischen den individuellen Komponenten eine (neue) komplexe globale und kohärente Systemorganisation und eine langreichweitige kollektive Systemdynamik konstituieren. Dies umfaßt auch eine neue Klassifikation von Emergenzphänomenen (im Ansatz s. z.B. FROMM (2005a,b)), die bisherige, vor allem an philosophischen Problemen orientierten Positionen weiterentwickelt (STEPHAN (1998, 1999a,b, 2006), FELTZ (2006)), indem als entscheidendes Kriterium die Art und Weise der Kombi-

nationen aus parallelen bzw. synchronen (mehrfach) abwärts- ("downwards"), aufwärts- ("upwards") und seitwärtsgerichteten ("sidewards") Rückkopplungsschleifen herangezogen wird.
6.43 Im Rahmen dieser neuen systemischen Prozeßphilosophie ist ferner zu diskutieren, inwieweit das bisher in der westlich-europäischen Philosophiegeschichte – seit ARISTOTELES – dominierende Substanzdenken von einem Prozeßdenken – im Sinne einer Systemlogik selbstorganisierender offener Systeme anhand von rückgekoppelten, geschlossenen Prozeß(-kreis-)strukturen (s. z.B. JANTSCH (1979), POSER (2008), GÖTSCHL (2006), PRIGOGINE (1980); ähnlich MAINZER (1993) mit Bezug auf die Neurophilosophie und ELSTNER (2010) mit Bezug auf den Begriff der Information; s. auch KAMPIS (1991)) – ergänzt werden könnte, sodaß damit sogar eine neue systemische Prozeßontologie begründet werden würde, die, gemäß der Vorgehensweise im Sinne eines (Lego-)Baukastenprinzips (KAMPIS (1991): "LEGO principle"), davon abrückt, einen zu untersuchenden Systemsachverhalt nur dadurch erklären bzw. begründen zu wollen, daß man ihn in seine kleinsten und einfachsten Systemkomponenten zerlegt und ihn auf einige wenige Grundaussagen in Form von Axiomen zurückführt, sondern auch das in der (System-)Zeit ablaufende Gesamt(-wechsel-)wirkungsgefüge auf der Skala der jeweiligen Systemgesamtheit in die Erklärung bzw. in die Begründung

miteinbezieht (vgl. SCHMIDT (2008)).

6.44 Weiterhin besteht ein sehr wichtiger Untersuchungsgegenstand darin, im Sinne einer systemischen Mereologie das Verhältnis der einzelnen Systembestandteile eines selbstorganisierten dynamischen Systems zum Systemganzen neu zu bestimmen, vor allem vor dem Hintergrund einer zirkularkausalen Determination im Sinne einer Kombination aus parallelen bzw. synchronen (Informationsverarbeitungs-)Prozessen in abwärts- ("downwards", "top-down"), aufwärts- ("upwards", "bottom up") und seitwärtsgerichteten ("sidewards") Rückkopplungskreisläufen (s. vor allem FROMM (2005a,b), HAKEN & TSCHACHER (2011): zirkuläre Kausalität), sodaß nicht mehr davon ausgegangen werden kann, daß die einzelnen atomaren Systemkomponenten in diskreter und disjunkter Weise nach dem Vorbild eines (Lego-)Baukastensystems (KAMPIS (1991)) nur noch zusammengesetzt zu werden brauchen (z.B. wie dies der österreichische Philosoph Ludwig WITTGENSTEIN mit seiner Annahme von „einfachen Gegenständen" versucht hat), um die Funktionsweise eines komplexen Gesamtsystems hinreichend zu erklären (vgl. KANITSCHEIDER (2006), POSER (2008), BRANDON (2006)), sondern zusätzlich noch – wie im Konnektionistischen Paradigma der Neurokognition – eine Überlappung oder Überlagerung ("superposition") von völlig verteilten ("fully distributed": MAURER (2014a: Kap. 2.22)) vektorbasierten Repräsentationskomponenten stattfindet, insbesondere z.b. bei (wander-)-wellentheoretischen Modellen mit Bezug auf das Systematizitäts- und Kompositionalitätsproblem (s. z.B. WERNING (2005 a,b, 2012), s. einführend MAURER (2014a: Kap. 5.3.01, 6.322.4, 6.322.5, 6.323); s. auch PASEMANN (1996), s. einführend MAURER (2014a: Kap. 5.2.04)). Vielmehr können die einzelnen Systemkomponenten wiederum als komplexe dynamische Systeme interpretiert werden, sodaß eher das allgemeine Konzept eines dynamischen, rekurrenten (Selbstorganisations-)Mechanismus, d.h. einer Prozeßstruktur, als Grundbegriff einer systemischen Prozeßontologie in Betracht käme. Damit stellt sich auch die grundlegende Frage, ob und inwieweit es zu einem rückgekoppelten kausalen Determinationsprozeß des Systems als Ganzem (zurück) auf seine individuellen Systemkomponenten kommt ("downward causation": BISHOP (2004, 2005, 2008, 2012); „Versklavungsprinzip" (HAKEN ((1982) 1990); "(intelligent) topdown causation": ELLIS (2009), NEWSOME (2009), JUARRERO (2009), GOSCHKE (2003) mit Bezug auf die Willensfreiheitsdebatte; FROMM (2005a,b) mit Bezug zur "swarm intelligence"; s. auch STEPHAN (1999a)).

7. SELBSTORGANISATION UND „EINHEITSWISSEN-SCHAFT"

7.1 Desweiteren wird zu untersuchen sein, inwieweit sich anhand dieser neuen, auf dem Prinzip der Selbstorganisation beruhenden Prozeßtheorie in der Philosophie ein Weg eröffnet hin zu einem vereinheitlichenden Weltbild bzw. zu einer vereinheitlichenden Weltsicht, indem der Gegensatz von Mensch und Natur durch ein einheitliches Verständnis von komplexen, selbstorganisierten Systemen sowohl in den Struktur- und Natur-, wie auch in den Human-, Sozial- und Kulturwissenschaften überwunden werden kann, sodaß man eine naturalistische, aber nicht-reduktive systemische Anthropologie begründen könnte (s. z.B. KANITSCHEIDER (2000, 2006)). Diese Lebenswissenschaft versucht dabei das Charakteristische (der selbstorganisierenden (Kreis-)-Prozesse) von Leben und Lebendigkeit im Sinne eines nichtlinearen komplexen dynamischen Systems zu interpretieren: Die Aufrechterhaltung eines stationären Fließ- bzw. Nichtgleichgewichts gegenüber einer entropischen Tendenz zum Gleichgewicht, dem Tod (s. z.B. MUSSMANN (1995); MAINZER (2010): Systembiologie und synthetische Biologie; BECHTEL (2013a,b,c): "Circadian (Clock) Mechanism"; s. auch VON UEXKÜLL (1928): Funktionskreis; VON WEIZSÄCKER (1950 (1996)): Gestaltkreis; WIENER (1948 (1961)), WIENER (1965), ASHBY (1947, 1952,

1962 (2004)), KLAUS (1961): (bio-)kybernetischer Regelkreis), ohne sich dabei einer traditionellen Maschinenmetapher im mechanistischen Sinn des 17. Jhdt.'s ausgesetzt zu sehen (MAINZER (2010), KAMPIS (1991)). Vielmehr wird dadurch – unter Miteinbeziehung von Ansätzen des "embodiment" (ZIEMKE (2003), CLARK (1999)) bzw. der "embodied cognition" (BROOKS (1986, 1991), VARELA et al. (1992)); einführend (MAURER (2014a: Kap. 6.51, 6.52)) – nachvollziehbar, wie anhand von zyklischen, rekursiven Prozeßmechanismen in komplexen kognitiven Neuroarchitekturen kognitive Leistungen und relativ-autonomes (Entscheidungs-)Verhalten entstehen können, z.B. im Rahmen der Debatte um die menschliche Willensfreiheit (MAURER & MICHAEL (2017); vgl. auch SINGER (2005), PAUEN & ROTH (2008)).

7.2 Was das Streben nach Vereinheitlichung betrifft, hat man jedoch im Rahmen einer wissenschafts- und erkenntnistheoretischen Perspektive zu beachten und dabei kritisch zu hinterfragen, daß es sich bei der (Begriffs-)Analyse von (Selbstorganisations-)-Systemen um eine (polykontexturale) Interpretation der Realität in Form von konstruierten (mathematischen) Modellen im Sinne einer systemischen Modelltheorie handelt (vgl. LENK (1993, 1995, 2000, 2001, 2004), KORNWACHS (2008), FÜLLSACK (2011), GÜNTHER (1979)), die sich durch die folgenden allgemeinen Charakteristiken auszeichnen (s. im Ansatz STEPHAN (1999a)):

(1) ein (fluider) Dynamismus (PORT & VAN GELDER (Eds.) (1995), HAKEN (2011)), d.h. der Zeitfaktor muß bei der Analyse eines dynamischen (Selbstorganisations-)Systems besondere Beachtung erfahren, vor allem in Form von parallelen und synchronen Prozessen im Rahmen von Prozeßkreisen, und bei kritischen Symmetriebrüchen des Systems in Form von spontanen instabilen Phasenübergängen ("bifurcations" (s. z.B. GUCKENHEIMER & HOLMES (1990)), sodaß dem Umstand Rechnung getragen werden kann, daß es damit eine individuelle und irreversible Systemgeschichte in der Zeit entwickelt (vgl. PRIGOGINE (1980), PRIGOGINE (1989), POSER (2008), SCHMIDT (2008)),

(2) ein (kreativer) Konstruktivismus (KORNWACHS (2008): systemtheoretischer Deskriptionismus; POSER (2008), FÜLLSACK (2011), KAMPIS (1991)), d.h. man verzichtet darauf, genuine Systemgesetzlichkeiten, d.h. denen man einen ontologischen Status zuschreibt, zu formulieren, sondern begnügt sich damit, systemtheoretische Gegenstände bzw. Gegenstandsbereiche zu beschreiben, modelltheoretisch zu interpretieren und bis zu einem gewissen Grad in kreativer Weise als (Selbstorganisations-)Modelle zu konstruieren und zu konstituieren,

(3) ein Anti-Reduktionismus, d.h. die neuen höheren Systemordungsstrukturen eines (Selbstorganisations-)Systems lassen sich grundsätzlich nicht auf die niedrigeren zurückführen, vielmehr besteht das methodische Verfahren darin, eine minimale Menge von lokalen Systemprozeßmechanismen zu ermitteln, und dann durch explizite Simulation der (Lang-)Zeitentwicklung die emergenten Strukturen zu beobachten, die sich auf der Skala des Gesamtsystems aus diesen Prozeßalgorithmen ergeben (s. Kap. 6.44; POSER (2008), HÜTT & MARR (2006), FÜLLSACK (2011), HOYNINGEN-HUENE (2007)),

(4) ein Holismus, d.h. das eben beschriebene Auftreten von langreichweitigen Ordnungsmustern anhand der kurzreichweitigen Wechselwirkung der einzelnen Bestandteile eines (Selbstorganisations-)Systems, das zusätzlich stets in andere (Co-)Systeme eingebettet ist bzw. in wechselseitigen Netzwerkbeziehungen zu diesen (Co-)-Systemen steht (POSER (2008), FÜLLSACK (2011): LOTKA-VOLTERRA-System), was z.B. im Rahmen des Forschungsprogramms der Kollektiven Intelligenz zur Entstehung von kollektiv-kohärenten Gesamtverhaltensformen führen kann (HÜTT (2006)),

(5) ein schwacher (probabilistischer) und zirkulärkausaler (Quasi-)Determinismus (s. Kap. 6.44; SCHMIDT (2008), KORNWACHS (2008), POSER

(2008); MAURER & MICHAEL (2017) mit Bezug auf die Willensfreiheitsdebatte), d.h. zum Zeitpunkt des Phasenübergangs eines selbstorganisierten Systems könnte man grundsätzlich nicht voraussagen, welche der konkurrierenden, jeweils nur mit einer bestimmten (Übergangs-)Wahrscheinlichkeit eintretenden Verzweigungsalternativen ("bifurcations") „sich durchsetzt", auf Grund der oftmals (nichtlinearen) (Wahrscheinlichkeits-)-Transformationsfunktionen des Systems, sodaß minimale Fluktuationen der Systemdynamik darüber bestimmen können, für welche der irreversiblen, potentiellen Systementwicklungstrajektorien sich das System „entscheidet" (KELSO & TOGNOLI (2009), SCOTT (1995)), z.B. basierend auf nichtlinearen (stochastischen) Aktivierungsfunktionen eines selbstorganisierenden, rekurrenten (künstlichen) neuronalen Netzwerks mit zirkulären, positiven bzw. negativen Rückkopplungsmechanismen, jedoch wären die einzelnen Systemzustandsübergänge – im nachhinein – im Wege einer klassischen Kausaldetermination rekonstruierbar und erklärbar (WALTER (1999)),

(6) ein Perspektivismus und ein Pragmatismus, d.h. ein (Selbstorganisations-)System wird stets von außen unter einer bestimmten Perspektive von einem nichtidealen (subjektiven) Beobachter im Sinne eines Erkenntnissubjekts unter bestimmten Zweckgesichtspunkten erst zu einem System-

ganzen konstruiert und konstituiert (VON FOERSTER (1974, 1981, (1985) 1999, 1987), POSER (2008), PRIGOGINE & STENGERS (1984), FÜLLSACK (2011), NIEGEL (1992)), sodaß z.b. der Begriff der Emergenz eher ein erkenntnistheoretisches Nicht-Wissen bezeichnet (KORNWACHS (2008)), und
(7) ein limitierter Prognostizismus, d.h. ein (chaotisches) komplexes (Selbstorganisations-)System ist im Rahmen eines Systems von nichtlinearen Differentialgleichungen nicht mehr geschlossen lösbar, sondern in derart hohem Grad von seinen Anfangs- und Randbedingungen abhängig, daß eine sinnvolle Prognose, als das klassische Überprüfungsverfahren von erfahrungswissenschaftlichen Hypothesen, eingegrenzt wird auf Voraussagen im Sinne von (Erwartungs-)Wahrscheinlichkeiten in großer zeitlicher Nähe zum Ausgangssystemzustand (POSER (2008), SCHMIDT (2008)), m.a.W. ein komplexes dynamisches (Selbstorganisations-)System ist nur unvollständig beschreibbar, d.h. man kann seine Information im Sinne der Kompaktheit einer wissenschaftlichen Theorie algorithmisch nicht komprimieren (KANITSCHEIDER (2006), KORNWACHS (2008), FÜLLSACK (2011)).

7.3 Zur Veranschaulichung wird noch ein (Parade-)-Beispiel eines fluiden, dynamischen (synchronen) (Selbstorganisations-)Mechanismus im Rahmen der theoretischen Neurokognition gegeben anhand der sog. „Gebirgssee- und Gebirgsbach-Metapher" (MAURER (2014a: Kap. 6.22), basierend vor allem auf selbstorganisierten rekurrenten kognitiven Neuroarchitekturen (WERNING (2004, 2005a, 2005b, 2012), FREEMAN (1972, 1995), KOHONEN (2001), ABELES (1991), BIENENSTOCK (1995), GROSSBERG & SOMERS (1991), CARPENTER, GROSSBERG & ROSEN (1991), SMOLENSKY (1984a, 1984b, 1986a, 1986b, 1995, 2006)), die in sehr überzeugender Weise ein neurobiologisch plausibles (Simulations-)Modell sowohl der Wahrnehmungskognition wie auch der Sprachkognition darstellen: Die Informationsverarbeitungsweise der (Langzeit-)Speicherung von sensorischer und syntaktisch-semantischer Information eines neurokognitiven dynamischen Systems kann danach mit einem Gebirgssee – i.S. der Metapher für das Langzeitgedächtnis – verglichen werden, der sich in spontaner Aktivität selbst in Schwingung versetzt, sodaß sich eine Vielzahl von verschiedenen Wellen(-mustern) auf seiner Oberfläche abzeichnen. Der Wahrnehmungsvorgang kann nun dadurch beschrieben werden, daß eine Abfolge von Regenschauern auf die Oberfläche des Gebirgssees auftrifft, wobei ein Regentropfen für ein sensorisches Informationselement steht, z.B. ein auf die Ganglionzellen der Retina auftreffendes Photon im Rahmen der visuellen Perzeption, sodaß die Art und Weise, wie die Regentropfen auf die Wellenmuster der

Seeoberfläche auftreffen, die Entstehung und das Fortbestehen von ganz bestimmten Wellenzügen bevorzugen bzw. begünstigen, wodurch sich schließlich eine bestimmte raumzeitlich begrenzte Wellen(-muster-)form durchsetzen wird, die dadurch dann eine bestimmte sensorische Information kodieren bzw. „repräsentieren." Ein Regenschauer steht dabei für einen zu speichernden Sachverhalt, z.B. einen Gegenstand oder ein Ereignis, sodaß, je häufiger und ähnlicher eine bestimmte Art von Regenschauern auf die Wellenbewegungen der Seeoberfläche auftrifft, desto mehr nimmt die Wahrscheinlichkeit zu, daß sich eine ganz bestimmte Wellen-(-muster-)form als Überlagerung der einzelnen Regenschauermuster ausbildet. Mit der Zeit wird dann eine allmähliche Abkühlung des Gebirgssees stattfinden, die dazu führt, daß die Wellen(-muster-)formen – zumindest zeitweise – „eingefroren" werden, weshalb somit – in gewissen Grenzen – eine beständige Speicherung von Mustern gewährleistet wird, die jedoch bei Bedarf, z.B. wenn neue Informationen in bereits bestehende Muster eingebettet werden müssen, wieder zeitweise „aufgetaut" werden können. Dazu entspechend kann die Informationsverarbeitungsweise eines Denkvorganges, z.B. in Form einer kognitiven Inferenz, mit einem Netz aus miteinander rückgeführten und damit rückgekoppelten Gebirgsbächen – im Snne der Metapher für das Kurzzeit- oder Arbeitsgedächtnis – verglichen werden, die – gemäß der physikalischen Hydro- und Fluiddynamik – an kleineren und größeren Felsen im Bach bestimmte laminare und turbulente Wasserströmungen mit entsprechenden Wasserwirbeln erzeugt, sodaß sich die Informationsverarbeitung ebenfalls durch eine Vielzahl von verschiedenen Wellenausbreitungsmustern auf der Oberfläche der Bäche abzeichnen würde. Ein Denkvorgang kann nun dadurch beschrieben werden, daß sich an bestimmten räumlich begrenzten Stellen trotz der stetigen Strömung des Bachwassers beständige Fließ- bzw. Nichtgleichgewichtsprozesse in Gestalt eben dieser relativ stationären Wasserwirbel bzw. Stromschnellen bilden, die damit den jeweils gerade bearbeiteten internen (Repräsentations-)Konzepten entsprechen würden, oder anhand der Rückführung einzelner Bachläufe anhand von Pumpen sich aufeinander einschwingende Kreisläufe ausbilden könnten, die damit einem rekurrenten Prozeßmechanismus entsprechen würden, und, als ein Resultat, einen resonanten Prozeß erzeugen könnten, was einem bestimmten Schlußfolgerungsergebnis entspechen würde. Ferner kann man sich vorstellen, daß anhand der in den Gebirgssee einfließenden Bachströmungen die bereits bestehenden Wellen(-muster-)formen bei Bedarf dementsprechend angepaßt werden könnten, indem die gleichzeitige Ausbreitung der (neuen) Wellenbewegung – im Sinne des Prinzips der neuronalen Synchro-

nisation – bereits gespeicherte Wellen(-muster-)-
formen (wieder) in erhöhte (Eigen-)Schwingung
versetzt und anschließend zum Teil überlagert bzw.
überschreibt.

7.4 Abschließend wird im Rahmen dieser neuen
organismischen (Selbstorganisations-)Prozeßtheorie
in der Philosophie und Wissenschaftstheorie eine
analytisch-synthetische Methodik entwickelt, die an
die neuere Mechanismusdebatte in der Philosophie
und Wissenschaftstheorie (BECHTEL (2008), CRAVER
(2007)) und an den Ansatz einer „Synthetischen
Philosophie" (s. Kap. 1.23) anknüpft (s. erste Ansätze
auch bei AUYANG (1998): "synthetic microanalysis"):
Man hat dabei sowohl in einer (top-down) Analyse
eines globalen System(-makro-)-phänomens in seine
relevanten kausalen (Koordinations-)Mechanismen
der (Mikro-)Komponenten zu zerlegen, mit dem Ziel
einer wissenschaftlichen (Mikro-)Erklärung des be--
treffenden Mikrophänomens, als auch daran anschließend, z.B. im Rahmen einer (Computer-)Simu-
lation, mit dem Ziel einer wissenschaftlichen (Ma-
kro-)Erklärung des betreffenden Makrophänomens,
in einer (bottom-up) Synthese wieder diese stati-
schen und dynamischen Mikroinformationen, bezo-
gen auf die relevanten kausalen Makrokonzepte
und Makrokriterien, derart zusammenzusetzen, sodaß diese beiden methodischen Erklärungsansätze
über eine Vielzahl von iterativen Durchläufen

wechselseitig ergänzt und stufenweise verfeinert werden können, damit das (Gesamt-)Erklärungsverfahren, u.U. über mehrere Beschreibungsebenen bzw. über mehrere Beschreibungsfelder hinweg (CRAVER (2007)), zu einer angemessenen und zufriedenstellenden Lösung konvergieren kann (AUYANG (1998): "micro-macro link (MML) problem"; einführend FROMM (2005a,b); s. auch RICHARDSON (2006), (FÜLLSACK (2011), KORNWACHS (2008), HÜTT & MARR (2006), KANITSCHEIDER (1985/1986)).

Diese neue fluide bzw. liquide methodische Perspektive, wie sie vor allem in neuerer Zeit in der Kognitionswissenschaft und in der kognitiven Neurowissenschaft ("liquid computing": MAASS, NATSCHLÄGER & MARKRAM (2002), MAASS (2007); "reservoir computing": JAEGER ((2002) 2008)) vertreten wird, beinhaltet, daß man in der Wissenschaftstheorie der Bio- und Neurowissenschaften von einer kombiniert mechanistischen-systemischen Methode Gebrauch macht (MAURER (2014a)): die integrativen kausalen (Prozeß-)Mechanismen im Sinne der nichtlinearen Dynamischen Systemtheorie würden somit ein allgemeines dynamisches Schema oder ein(-e) Modell(-klasse) (SCHMIDT (2008)) abgeben, das ein bestimmtes Systemphänomen auf einer Vielzahl von methodischen Systemebenen beschreibt und erklärt (vgl. POSPESCHILL (2004)), zum einen, von einer analytisch-mechanistischen Perspektive in Form einer Dekomposition der nichtlinearen Nichtgleichgewichtsdynamik der einzelnen informationellen Systemkomponenten, und, zum anderen, unter einer synthetisch-systemischen Perspektive in Form von nichtlinearen Differentialgleichungssystemen mit globalen Ordnungsparametern (HAKEN ((1982) 1990, 1988a, 1988b)), die die emergente Systemorganisation und Systemdynamik als Ganzes wiedergibt.

LITERATUR

ABELES, M. (1982a): Role of the Cortical Neuron: Integrator or Coincidence Detector? Israel Journal of Medical Sciences. Vol. 18. PP. 83–92
ABELES, M. (1982b): Local Cortical Circuits. An Electrophysiological Study. Berlin: Springer-Verlag
ABELES, M. (1991): Corticonics: Neural Circuits of the Cerebral Cortex. Cambridge: Cambridge University Press
ABELES, M. (1994): Firing Rates and Well-Timed Events in the Cerebral Cortex. In: E. DOMANY, K. SCHULTEN & J.L. VAN HEMMEN (Eds.): Models of Neural Networks II. Chapt. 3. New York: Springer-Verlag. PP. 121-40
AMARI, Sh.-I. (1977): Dynamics of Pattern Formation in Lateral-Inhibition Type Neural Fields. Biological Cybernetics. Vol. 27. 1977. PP. 77-87
AMARI, Sh.-I. (1980): Topographic Organization of Nerve Fields. Bulletin of Mathematical Biology. Vol. 42. 1980. PP. 339-64
AMARI, Sh.-I. (1983): Field Theory of Self-Organizing Neural Nets. IEEE Transactions on Systems, Man and Cybernetics. SMC-13. PP. 741-48
AMARI, Sh.-I. & ARBIB, M.A. (1977): Competition and Cooperation in Neural Nets. In: J. METZLER (Ed.): Systems Neuroscience. New York: Academic

Press. PP. 119-65
AMARI, Sh.-I. & ARBIB, M.A. (1983): Competition and Cooperation in Neural Nets. In: J. METZLER (Ed.): Systems Neuroscience. Academic Press. New York. 1977. PP. 119-65
APPALI, R., VAN RIENEN, U. & HEIMBURG, Th. (2012): A Comparison of the Hodgkin-Huxley Model and the Soliton Theory for the Action Potential in Nerves. In: A. IGLIČ (Ed.): Advances in Planar Liquid Bilayers and Liposomes. Vol. 16. Amsterdam: Elsevier Inc. PP. 275-99
ASHBY, W.R. (1947): Principles of the Self-Organizing Dynamic System. Journal of General Psychology. Vol. 37. PP. 125-28
ASHBY, W.R. (1952): Design for a Brain. London: Chapman and Hall
ASHBY, W.R. (1962, 2004): Principles of the Self-Organizing System. E:CO Special Double Issue. Vol. 6. PP. 102-26 (Original: Principles of Self-Organization. In: H. v. FOERSTER & G.W. ZOPF Jr. (Eds.): Transactions of the University of Illinois Symposium. London/UK: Pergamon Press. PP. 255-78)
AUYANG, S.Y. (1998): Foundations of Complex-System Theories. Cambridge: Cambridge University Press
BAK, P., TANG, C. & WIESENFELD, K. (1987): Self-Organized Criticality. An Explanation of the 1/f Noise. Physical Review Letters. Vol. 59. PP. 381-84
BAK, P. & CHEN, K. (1991): Selbstorganisierte Kritizität.

Spektrum der Wissenschaft. Hf. 3. S. 62-71

BANZHAF, W. (2009): Self-Organizing Systems. Encyclopedia of Complexity and Systems Science. Springer-Verlag. Heidelberg. PP. 8040-50

BARANDIARAN, X. & MORENO, A. (2006): On What Makes Certain Dynamical Systems Cognitive: A Minimally Cognitive Organization Program. Adaptive Behavior. Vol. 14. PP. 171-85

BECHTEL, W. (2008): Mental Mechanisms: Philosophical Perspectives on Cognitive Neuroscience. London: Routledge

BECHTEL, W. (2013a): Understanding Biological Mechanisms. Using Illustrations from Circadian Rhythm Research. In: K. KAMPOURAKIS (Ed.): The Philosophy of Biology: A Companion for Educations. Springer. Dordrecht. 2013. PP. 487-510

BECHTEL, W. (2013b): From Molecules to Networks: Adoptions of System Approaches in Circadian Rhythm Research. In: H. ANDERSEN, D. DIEKS, W.J. GONZALES, T. UEBEL & G. WHEELER (Eds.): New Challenges to Philosophy of Science. Springer. Dordrecht. 2013. PP. 211-23

BECHTEL, W. (2013c): From Molecules to Behavior and the Clinic: Integration in Chronobiology. Studies in History and Philosophy of Biological and Biomedical Sciences. Vol. 44. 2013. PP. 493-502

BEER, R.D. (2000): Dynamical Approaches to Cognitive Science. Trends in Cognitive Sciences. Vol. 4. PP. 91-99

BEER, R.D. (2008): The Dynamics of Brain-Body-Environment Systems: A Status Report. In: P. CALVO & A. GOMILA (Eds.): Handbook of Cognitive Science. An Embodied Approach. 1st Ed. Elsevier. Amsterdam. PP. 99-120
BIENENSTOCK, E. (1995): A Model of Neocortex. Network: Computation in Neural Systems. Vol. 6. PP. 179-224
BISHOP, R. (2004): Nonequilibrium Statistical Mechanics Brussels-Austin Style. Studies in History and Philosophy of Modern Physics. Vol. 35. PP. 1-30
BISHOP, R. (2005): Resonances, Unstable Systems and Irreversibility: Matter Meets Mind. International Journal of Theoretical Physics. Vol. 44. PP. 1879-88
BISHOP, R. (2008): Downward Causation in Fluid Convection. Synthese. Vol. 160. PP. 229-48
BISHOP, R. (2012): Fluid Convection, Constraint and Causation. Interface Focus. Vol. 2. PP. 4-12
BOGDANOV, A.A. (1922): Tektologia. Vseobschaya Organizatsionnaya Nauka. Z.I. Grschebin Verlag. Berlin (engl.: Essays in the Universal Organizational Science. InterSystems Publishers. 1980)
BOURBAKI, N. (1961a): Die Architektur der Mathematik I. Physikalische Blätter. Nr. 17. S. 161-66
BOURBAKI, N. (1961b): Die Architektur der Mathematik II. Physikalische Blätter. Nr. 17. S. 212-218
BRANDON, R.N. (2006): Teleology in Self-Organizing Systems. In: B. FELTZ, M. CROMMELINCK Ph. GOUJON (Eds.): Self-Organization and Emer-

gence in Life Sciences. Dordrecht: Springer-Verlag. PP. 267-81

BRANKE, J., MNIF, M., MÜLLER-SCHLOER, C., PROTHMANN, H., RICHTER, U., ROCHNER, F. & SCHMECK, H. (2006): Organic Computing – Addressing Complexity by Controlled Self-Organization. In: Proceedings of the 2nd International Symposium on Leveraging Applications of Formal Methods, Verification and Validation (ISoLA 2006), 15-19 Nov. 2006. PP. 185-91

BRAUN, W. (2002): The System Archetypes. Manuscript
From: http://www.uni-klu.ac.at/~gossimit/pap/sd/wb_sysarch.pdf

BREIDBACH, O. (1999a): Bausteine zu einer Neurosemantik. In: G. RUSCH (Hrsg.): Wissen und Wirklichkeit – Beiträge zum Konstruktivismus. Eine Hommage an Ernst v Glasersfeld. Heidelberg: Carl-Auer-Systeme. S. 93-110

BREIDBACH, O. (1999b): Internal Representations – A Prelude for Neurosemantics. The Journal of Mind and Behavior. Vol. 20. PP. 403-20

BREIDBACH, O. (2007): Neurosemantics, Neurons and System Theory. Theory in Biosciences. Vol. 126. PP. 23-33

BROOKS, R.A. (1986): A Robust Layered Control System for a Mobile Robot. IEEE Journal of Robotics and Automation. Vol. 2. PP. 14-23

BROOKS, R.A. (1991): Intelligence without Represen-

tation. Artificial Intelligence. Vol. 47. PP. 139-59
BULLMORE, E.T. & SPORNS, O. (2009): Complex Brain Networks: Graph-Theoretical Analysis of Structural and Functional Systems. Nature Reviews Neuroscience. Vol. 10. PP. 186-98
BUNGE, M. (2000): Systemism: The Alternative to Individualism and Holism. Journal of Socio-Economics. Vol. 29. PP. 147-57
ÇAKAR, E., MNIF, M., MÜLLER-SCHLOER, Chr., RICHTER, U. & SCHMECK, H. (2007): Towards a Quantitative Notion of Self-Organisation. In: Proceedings of the 2007 IEEE Congress on Evolutionary Computation (CEC 2007). 2007. PP. 4222-29
ÇAKAR, E., FREDIVIANUS, N., HÄHNER, J., BRANKE, J., MÜLLER-SCHLOER, Chr., SCHMECK, H. (2011): Aspects of Learning in OC Systems. In: Chr. MÜLLER-SCHLOER, H. SCHMECK & Th. UNGERER (Eds.): Organic Computing – A Paradigm Shift for Complex Systems. Basel: Birkhäuser. PP. 237-51
CARPENTER, G.A. & GROSSBERG, St. (1987a): A Massively Parallel Architecture for a Self-Organizing Neural Pattern Recognition Machine. Computer Vision, Graphics, and Image Processing. Vol. 37. PP. 54-115
CARPENTER, G.A. & GROSSBERG, St. (1987b): ART 2: Stable Self-Organization of Pattern Recognition Codes for Analog Input Patterns. Applied Optics. Vol. 26. PP. 4919-30
CARPENTER, G.A. & GROSSBERG, St. (1988): The ART

of Adaptive Pattern Recognition by a Self-Organizing Neural Network. Computer. Vol. 21. PP. 77-88

CARPENTER, G.A. & GROSSBERG, St. (1990): Adaptive Resonance Theory. Neural Network Architectures for Self-Organizing Pattern Recognition. In: R. ECKMILLER, G. HARTMANN & G. HAUSKE (Eds.): Parallel Processing in Neural Systems and Computers. New York: Elsevier Science Inc. PP. 383-89

CARPENTER, G.A., GROSSBERG, St. & ROSEN, D.B. (1991): ART 2-A: An Adaptive Resonance Algorithm for Rapid Category Learning and Recognition. Neural Networks. Vol. 4. PP. 493-504

CARRIER, M. (1995): Selbstorganisation. In: J. MITTELSTRASS: Enzyklopädie Philosophie und Wissenschaftstheorie. 2. Aufl. Bd. 3. Stuttgart: Metzler. S. 761-64

CHAITIN, G.J. (1975): Randomness and Mathematical Proof. Scientific American. Vol. 232. PP. 47-52

CHURCHLAND, P.M. (1989): A Neurocomputational Perspective: The Nature of Mind and the Structure of Science. Cambridge/MA: The MIT Press. Bradford Books

CLARK, A. (1989): Microcognition: Philosophy, Cognitive Science, and Parallel Distributed Processing. Cambridge/MA, London: The MIT Press. A Bradford Book

CLARK, A. (1999): An Embodied Cognitive Science?

Trends in Cognitive Science. Vol. 3. PP. 345-51

CLARK, A. (2013): Whatever Next? Predictive Brains, Situated Agents, and the Future of Cognitive Science. Behavioral and Brain Sciences. Vol. 36. PP. 181-204

COHEN, M.A. & GROSSBERG, St. (1983): Absolute Stability of Global Pattern Formation and Parallel Memory Storage by Competitive Neural Networks. IEEE Transactions on Systems, Man, and Cybernetics. Vol. 13. PP. 815-26

COLUNGA, E. & SMITH, L.B. (2008): Knowledge Embedded in Progress. The Self-Organizing of Skilled Noun Learning. Developmental Science. Vol. 11. PP. 195–203

CRAVER, C.F. (2007): Explaining the Brain. Mechanisms and the Mosaic Unity of Neuroscience. Oxford: Oxford University Press

DE WOLF, T. & HOLVOET, T. (2005): Emergence versus Self-Organisation: Different Concepts but Promising when Combined. In: S. BRÜCKNER et al. (Eds.): Engineering Self-Organising Systems. Springer-Verlag. Berlin. PP. 1-15

DIEUDONNÉ, J.A. (1970): The Work of Nicolas Bourbaki. American Mathematical Monthly. Vol. 77. PP. 134-45

DI MARZO SERUGENDO, G., FOUKIA, N., HASSAS, S., KARAGEORGOS, A., KOUADRI MOSTÉFAOUI, S., RANA, O.F., ULIERU, M., VALCKENAERS, P. & VAN AART, C. (2004): Self-Organisation: Paradigms and Applications. In: G. DI MARZO SERUGENDO et al. (Eds.): Engineering Self-Organising Systems. Berlin, Heidelberg: Springer-Verlag. 2004. PP. 1-19

DI MARZO SERUGENDO, G., GLEIZES, M.-P. & KARAGEORGOS, A. (2006): Selforganisation and Emergence in MAS: An Overview. Informatica. Vol. 30. PP. 45-54

EBELING, W. (1976): Strukturbildung bei irreversiblen Prozessen. Eine Einführung in die Theorie dissipativer Strukturen. Leipzig: BSB B.G. Teubner Verlagsgesellschaft

EBELING, W. (1982): Physik der Selbstorganisation und Evolution. Berlin: Akademie-Verlag

EBELING, W. (1989): Chaos – Ordnung – Information. Selbstorganisation in Natur und Technik. Frankfurt am Main u.a.: Verlag Harri Deutsch

EBELING, W., ENGEL, H. & HERZEL, H. (1990): Selbstorganisation in der Zeit. Berlin: Akademie-Verlag

EBELING, W., FREUND, J. & SCHWEITZER, Fr. (1998): Komplexe Strukturen: Entropie und Information. Stuttgart, Leipzig: B.G. Teubner Verlagsgesellschaft

EDELMAN, G.M. & TONONI, G. (2000): A Universe of Consciousness: How Matter Becomes Imagination. New York: Basic Books (dt.: Gehirn und Geist. Wie aus Materie Bewusstsein entsteht. München: Beck (2002))

EIGEN, M. (1971a): Selforganization of Matter and the Evolution of Biological Macromolecules. Naturwissenschaften. Vol. 58. S. 465-523

EIGEN, M. (1971b): Molecular Self-Organization and the Early Stages of Evolution. Quarterly Reviews of Biophysics. Vol. 4. PP. 149-212

EIGEN, M. & SCHUSTER, P. (1977): The Hypercycle. A Principle of Natural Self-Organization. Part A: Emergence of the Hypercycle. Naturwissenschaften. Bd. 64. S. 541-65

EIGEN, M. & SCHUSTER, P. (1978a): The Hypercycle. A Principle of Natural Self-Organization. Part B: The Abstract Hypercycle. Naturwissenschaften. Bd. 65. S. 7-41

EIGEN, M. & SCHUSTER, P. (1978b): The Hypercycle. A Principle of Natural Self-Organization. Part C: The Realistic Hypercycle. Naturwissenschaften. Bd. 65. S. 341-69

EIGEN, M. & SCHUSTER, P. (1979): The Hypercycle. A Principle of Natural Selforganization. Berlin, Heidelberg u.a.: Springer-Verlag

ELIASMITH, Chr. (2013): How to Build a Brain. A Neural Architecture for Biological Cognition. Oxford: Oxford University Press

ELIASMITH, Chr. & ANDERSON, Ch.H. (2003): Neural Engineering: Computation, Representation, and Dynamics in Neurobiological Systems. Cambridge/MA: MIT Press

EL-LAITHY, K. & BOGDAN, M. (2009): Synchrony State Generation in Artificial Neural Networks with Stochastic Synapses. ICANN 2009. Part I. Lecture Notes in Computer Science. Vol. 5768. Heidelberg:

Springer-Verlag. PP. 181-90

ELLIS, G.F.R. (2009): Top-Down Causation and the Human Brain. In: N. MURPHY, G.F.R. ELLIS & T. O'CONNOR (Eds.): Downward Causation and the Neurobiology of Free Will. Berlin, Heidelberg: Springer-Verlag. PP. 63-81

ELMAN, J.L. (1990): Finding Structure in Time. Cognitive Science. Vol. 14. PP. 179-211

ELMAN, J.L. (1995): Language as a Dynamical System. In: R.F. PORT & Th.J. VAN GELDER (Eds.): Mind as Motion. Explorations in the Dynamics of Cognition. A Bradford Book. Cambridge/MA, London: MIT Press. PP. 195-225

ELMAN, J.L. (1998): Connectionism, Artificial Life, and Dynamical Systems: New Approaches to Old Questions. In: W. BECHTEL & G. GRAHAM (Eds.): A Companion to Cognitive Science. Malden/MA, Oxford/UK: Blackwell Publisher. PP. 488-505

ELSTNER, D. (2010): Information als Prozess. TripleC – Cognition, Communication, Cooperation. Vol. 8. 2010. S. 310-50

ERDÖS, P. & RÉNYI, A. (1959): On Random Graphs. Publicationes Mathematicae. Vol. 6. PP. 290-97

FELTZ, B. (2006): Self-Organization, Selection and Emergence in the Theories of Evolution. In: B. FELTZ, M. CROMMELINCK & Ph. GOUJON (Eds.): Self-Organization and Emergence in Life Sciences. Dordrecht: Springer-Verlag. PP. 341-60

FELTZ, B., CROMMELINCK, M. & GOUJON, Ph. (Eds.)

(2006): Self-Organization and Emergence in Life Sciences. Dordrecht: Springer-Verlag
FISCHER, H.R. (1990): Selbstorganisation. Kritische Bemerkungen zur Begriffslogik eines neuen Paradigmas. In: K.W. KRATKY & F. WALLNER (Hrsg.): Grundprinzipien der Selbstorganisation. Darmstadt: Wissenschaftliche Buchgesellschaft. S. 156-81
FODOR, J.A. (1976): The Language of Thought. Sussex: Harvester Press
FODOR, J.A. (2008): LOT 2: The Language of Thought Revisited. New York: Oxford University Press
FODOR, J.A. & PYLYSHYN, Z.W. (1988): Connectionism and Cognitive Architecture: A Critical Analysis. Cognition. Vol. 28. PP. 3-71
FORRESTER, J.Wr. (1971): World Dynamics. Cambridge/MA: Wright-Allen Press
FOSS, J. (1988): The Percept and Vector Function Theories of the Brain. Philosophy of Science. Vol. 55. 1988. PP. 511-37
FREEMAN, W.J. (1972): Waves, Pulses and the Theory of Neural Masses. Progress in Theoretical Biology. Vol. 2. PP. 87-165
FREEMAN, W.J. (1978): Spatial Properties of an EEG Event in the Olfactory Bulb and Cortex. Electroencephalography and Clinical Neurophysiology. Vol. 44. PP. 586-605 (wiederabgedruckt in: W.J. FREEMAN (Ed.): Neurodynamics: An Exploration of Mesoscopic Brain Dynamics. London/UK: Sprin-

ger-Verlag. 2000. PP. 211-39)
FREEMAN, W.J. (1987): Simulation of Chaotic EEG Patterns with a Dynamic Model of the Olfactory System. Biological Cybernetics. Vol. 56. PP. 139-50
FREEMAN, W.J. (1995): Societies of Brains. A Study in the Neuroscience of Love and Hate. Hillsdale/NJ, Hove/UK: Lawrence Erlbaum Associates
FREEMAN, W.J. (2000): Neurodynamics: An Exploration of Mesoscopic Brain Dynamics. London/UK: Springer-Verlag
FREUND, A.M., HÜTT, M.-Th. & VEC, M. (2004, 2006): Selbstorganisation: Aspekte eines Begriffs- und Methodentransfers. Systeme. Jg. 18. S. 3-20 (wiederabgedruckt in: M. VEC, M.-Th. HÜTT & A.M. FREUND (Hrsg.): Selbstorganisation. Ein Denksystem für Natur und Gesellschaft. Köln u.a.: Böhlau. S. 12-32)
FRISTON, K. (2003): Learning and Inference in the Brain. Neural Networks. Vol. 16. PP. 1325-52
FRISTON, K. (2009): The Free-Energy Principle: A Rough Guide to the Brain? Trends in Cognitive Sciences. Vol. 13. PP. 293-301
FRISTON, K. (2010): The Free-Energy Principle: A Unified Brain Theory. Nature Reviews Neuroscience. Vol. 11. PP. 127-38
FRISTON, K. & STEPHAN, Kl.E. (2007): Free-Energy and the Brain. Synthese. Vol. 159. PP. 417-58
FRISTON, K., STEPHAN, Kl.E. & KIEBEL, St. (2009): Free-Energy, Value and Neuronal Systems. In: D. HEINKE

& E. MAVRITSAKI (Eds.): Computational Modelling in Behavioural Neuroscience. Closing the Gap between Neurophysiology and Behaviour. Hove: Psychology Press. PP. 266-302
FROMM, J. (2005a): Ten Questions about Emergence. Complexity Digest. Vol. 40. 2005. No. 15
FROMM, J. (2005b): Types and Forms of Emergence. Complexity Digest. Vol. 25. 2005. No. 3
FÜLLSACK, M. (2011): Gleichzeitige Ungleichzeitigkeiten. Eine Einführung in die Komplexitätsforschung. Wiesbaden: VS-Verlag
GERSHENSON, C. & HEYLIGHEN, F. (2003): When can we Call a System Selforganizing? In: W. BANZHAF, T. CHRISTALLER, P. DITTRICH, J.T. KIM & J. ZIEGLER (Eds.): Proceedings of the 7th European Conference on Advances in Artificial Life (ECAL 2003), Dortmund. Springer-Verlag. PP. 606-14
GLANSDORFF, P. & PRIGOGINE, I. (1971): Thermodynamic Theory of Structure, Stability and Fluctuations. London: Wiley-Interscience
GLOY, K. (1998a): Wurzeln und Applikationsbereiche der Systemtheorie. Kritische Fragen. In: K. GLOY, W. NEUSER & P. REISINGER: Systemtheorie. Philosophische Betrachtungen und ihre Anwendungen. Bonn: Bouvier Verlag. S. 5-12
GLOY, K. (1998b): Systemtheorie – das neue Paradigma? In: K. GLOY, W. NEUSER & P. REISINGER: Systemtheorie. Philosophische Betrachtungen und ihre Anwendungen. Bonn: Bouvier Verlag. S. 227-

42
GLOY, K., NEUSER, W. & REISINGER, P. (Hrsg.) (1998): Systemtheorie. Philosophische Betrachtungen und ihre Anwendungen. Bonn: Bouvier Verlag
GÖTSCHL, J. (2006): Selbstorganisation: Neue Grundlagen zu einem einheitlichen Realitätsverständnis. In: M.-Th. HÜTT & A.M. FREUND (Hrsg.): Selbstorganisation. Ein Denksystem für Natur und Gesellschaft. Köln u.a.: Böhlau. S. 35-65
GOLOMB, D. (2008): Propagating of Traveling Pulses in Cortical Networks. In: N. AKHMEDIEV & A. ANKIEWICZ (Eds.): Dissipative Solitons. From Optics to Biology and Medicine. Berlin u.a. : Springer-Verlag. PP. 403-30
GOSCHKE, T. (2003): Voluntary Action and Cognitive Control from a Cognitive Neuroscience Perspective. In: S. MAASEN, W. PRINZ & G. ROTH (Eds.): Voluntary Action: Brains, Minds, and Sociality. New York/NY: Oxford University Press. PP. 49-85
GOUJON, Ph. (2006): From Logic to Self-Organization – Learning about Complexity. In: B. FELTZ, M. CROMMELINCK & Ph. GOUJON (Eds.): Self-Organization and Emergence in Life Sciences. Dordrecht: Springer-Verlag. PP. 187-214
GRAY, Ch.M. & SINGER, W. (1989): Stimulus-Specific Neuronal Oscillations in Orientation Columns of Cat Visual Cortex. Proceedings of the National Academy of Sciences of the United States of America. Vol. 86. PP. 1698-1702

GROSSBERG, St. (1976a): On the Development of Feature Detectors in the Visual Cortex with Applications to Learning and Reaction-Diffusion Systems. Biological Cybernetics. Vol. 21. PP. 145-59

GROSSBERG, St. (1976b): Adaptive Pattern Classification and Universal Recoding: I. Parallel Development and Coding of Neural Feature Detectors. Biological Cybernetics. Vol. 23. PP. 121-34 (wiederabgedruckt in: J.A. ANDERSON & E. ROSENFELD (Eds.): Neurocomputing. Vol. 1. Foundation of Research. Chap. 19. Cambridge/MA: MIT Press. 1989. PP. 245-58)

GROSSBERG, St. (1976c): Adaptive Pattern Classification and Universal Recoding: II. Feedback, Expectation, Olfaction, and Illusions. Biological Cybernetics. Vol. 23. PP. 187-202

GROSSBERG, St. (1980): How does a Brain Build a Cognitive Code? Psychological Review. Vol. 87. PP. 1-51

GROSSBERG, St. (1988): Nonlinear Neural Networks. Neural Networks. Vol. 1. PP. 17-61

GROSSBERG, St. / SOMERS, D. (1991): Synchronized Oscillations During Cooperative Feature Linking in a Cortical Model of Visual Perception. Neural Networks. Vol. 4. PP. 453-66

GÜNTHER, G. (1979): Beiträge zur Grundlegung einer operationsfähigen Dialektik. Teil 2: Wirklichkeit als Poly-Kontexturalität. Hamburg: Meiner

GUTMANN, M., RATHGEBER, B. & T. SYED (2011):

Organic Computing: Metapher or Model? In: Chr. MÜLLER-SCHLOER, H. SCHMECK & Th. UNGERER (Eds.): Organic Computing – A Paradigm Shift for Complex Systems. Basel: Birkhäuser. PP. 111-25
HAKEN, H. ((1982) 1990): Synergetik. Eine Einführung. Nichtgleichgewichts-Phasenübergänge und Selbstorganisation in Physik, Chemie und Biologie. 3. Aufl. Berlin u.a.: Springer-Verlag (engl.: Synergetics. Introduction and Advanced Topics. Springer-Verlag. Berlin, Heidelberg u.a. 2004)
HAKEN, H. (1988a): Entwicklungslinien der Synergetik I. Naturwissenschaften. Bd. 75. S. 163-72
HAKEN, H. (1988b): Entwicklungslinien der Synergetik II. Naturwissenschaften. Bd. 75. S. 225-34
HAKEN, H. (1989): Synergetik – Eine interdisziplinäre Theorie der Selbstorganisation. In: P. WEINGARTNER & G. SCHURZ (Hrsg.): Philosophie der Naturwissenschaften. Akten des 13, Internationalen Wittgenstein Symposiums. 14.-21. August 1988. Kirchberg am Wechsel/Österreich. Wien: Hölder-Pichler-Tempsky. S. 231-42
HAKEN, H. (1990): Synergetics as a Tool for the Conceptualization and Mathematization of Cognition and Behaviour – How Far Can We Go? In: H. HAKEN & M. STADLER (Eds.): Synergetics of Cognition. Proceedings of the International Symposium at Schloß Elmau, Bavaria, June 4-8, 1989. Berlin u.a.: Springer-Verlag. PP. 2-31
HAKEN, H. (2004): Synergetics. Introduction and

Advanced Topics. Springer-Verlag. Berlin, Heidelberg u.a.
HAKEN, H. (2011): Synergetik der Gehirnfunktionen. In: G. SCHIEPEK (Hrsg.): Neurobiologie der Psychotherapie. 2. Aufl. Stuttgart: Schattauer. S. 175-92
HAKEN, H. & TSCHACHER, W. (2011): The Transfer of Principles of Non-Equilibrium Physics to Embodied Cognition. In: W. TSCHACHER & C. BERGOMI (Eds.): The Implications of Embodiment: Cognition and Communication. Exeter: Imprint Academic. PP. 75-88
HEBB, D.O. (1949): The Organization of Behavior. A Neuropsychological Theory. New York: Wiley-Interscience
HEIDELBERGER, M. (1990): Selbstorganisation im 19. Jahrhundert. In: W. KROHN & G. KÜPPERS (Hrsg): Selbstorganisation. Aspekte einer wissenschaftlichen Revolution. Braunschweig und Wiesbaden: Vieweg. S. 67-104
HEUSER, M.-L. (1986): Die Produktivität der Natur. Schellings Naturphilosophie und das neue Paradigma der Selbstorganisation in den Naturwissenschaften. Duncker & Humblot. Berlin. 1986
HEUSER, M.-L. (1989): Zur Kritik gegenwärtiger Selbstorganisationstheorien. In: Philosophy of the Natural Sciences. Proceedings of the 13th International Wittgenstein Symposium, 14th to 21th August 1988, Kirchberg/Wechsel. Wien. S. 246-249
HEUSER, M.-L. (1990): Wissenschaft und Metaphysik.

Überlegungen zu einer allgemeinen Selbstorganisationstheorie. In: W. KROHN & G. KÜPPERS (Hrsg): Selbstorganisation. Aspekte einer wissenschaftlichen Revolution. Braunschweig und Wiesbaden: Vieweg. S. 39-66

HEYLIGHEN, Fr. (1995): Metasystems as Constraints on Variation: A Classification and Natural History of Metasystem Transitions. World Futures. Vol. 45. PP. 59-85

HEYLIGHEN, Fr. (2001): The Science of Self-Organization and Adaptivity. In: L.D. KIEL (Ed.): The Encyclopedia of Life Support Systems. Oxford: EOLSS Publishers. Vol. 5. PP. 253-80

HEYLIGHEN, Fr. & JOSLYN, C. (2001): Cybernetics and Second-Order Cybernetics. In: R.A. MEYERS (Ed.): Encyclopedia of Physical Science & Technology. 3rd Ed. Academic Press. New York. PP. 155-70

HINTON, G.E., McCLELLAND, J.L. & RUMELHART, D.E. (1986): Distributed Representations. In: D.E. RUMELHART & J.L. McCLELLAND (Eds.): Parallel Distributed Processing: Explorations in the Microstructure of Cognition. Vol. 1: Foundations. Cambridge/MA: MIT Press. A Bradford Book. PP. 77-109

HOFER, V. (1996): Organismus und Ordnung. Zu Genesis und Kritik der Systemtheorie Ludwig von Bertalanffys. Dissertation. Geisteswissenschaftliche Fakultät. Universität Wien

HOFKIRCHNER, W. (1998): Information und Selbstorganisation – zwei Seiten einer Medaille. In: N.

FENZL, W. HOFKIRCHNER & G. STOCKINGER (Eds.): Information und Selbstorganisation: Annäherung an eine vereinheitlichte Theorie der Information. Innsbruck: Studien-Verlag. S. 69-99

HOOKER, Cl. (2011): Introduction to Philosophy of Complex Systems: A. In: Cl. HOOKER (Ed.): Philosophy of Complex Systems. Handbook of the Philosophy of Science. Vol. 10. New York: Elsevier. PP. 3-90

HOYNINGEN-HUENE, P. (2007): Reduktion und Emergenz. In: A. BARTELS (Hrsg.): Wissenschaftstheorie. Ein Studienbuch. Paderborn: Mentis Verlag

HÜTT, M.-Th. (2006): Was ist Selbstorganisation und was nützt sie zum Naturverständnis? In: M.-Th. HÜTT & A.M. FREUND (Hrsg.): Selbstorganisation. Ein Denksystem für Natur und Gesellschaft. Köln u.a.: Böhlau. S. 91-105

HÜTT, M.-Th. & MARR, C. (2006): Selbstorganisation als Metatheorie. In: M.-Th. HÜTT & A.M. FREUND (Hrsg.): Selbstorganisation. Ein Denksystem für Natur und Gesellschaft. Köln u.a.: Böhlau. S. 106-126

JAEGER, H. (1996): Dynamische Systeme in der Kognitionswissenschaft. Kognitionswissenschaft. Bd. 5. S. 151-74

JANTSCH, E. (1979 (1992)): Die Selbstorganisation des Universums. Vom Urknall zum menschlichen Geist. München, Wien: Carl Hanser Verlag

JANTSCH, E. (1980): The Unifying Paradigm Behind

Autopoiesis, Dissipative Structures, Hyper- and Ultracycles. In: M. ZELENY (Ed.): Autopoiesis, Dissipative Structure, and Spontaneous Social Orders. Boulder/CO: Westview Press. PP. 81-87

JANTSCH, E. (1981): Autopoiesis: A Central Aspect of Dissipative Self-Organization. In: M. ZELENY (Ed.): Autopoiesis: A Theory of the Living Organizations. New York: North Holland. PP. 63-88

JAEGER, H. ((2002) 2008): Tutorial on Training Recurrent Neural Networks, Covering BPPT, RTRL, EKF and the Echo State Network Approach. GMD Report 159, German National Research Center for Information Technology. PP. 1-46

JUARRERO, A. (2009): Top-Down Causation and Autonomy in Complex Systems. In: N. MURPHY, G.F.R. ELLIS & T. O'CONNOR (Eds.): Downward Causation and the Neurobiology of Free Will. Berlin, Heidelberg: Springer-Verlag. PP. 83-102

KAMPIS, G. (1991): Self-Modifying Systems in Biology and Cognitive Science: A New Framework for Dynamics, Information and Complexity. Oxford, UK: Pergamon Press

KANITSCHEIDER, B. (1981): Wissenschaftstheorie der Naturwissenschaft. De Gruyter. Berlin u.a.

KANITSCHEIDER, B. (1985/1986a): Zum Verhältnis von analytischer und synthetischer Philosophie. Perspektiven der Philosophie. Neues Jahrbuch. Bd. 11. Teil 1. S. 91-111

KANITSCHEIDER, B. (1985/1986b): Zum Verhältnis von

analytischer und synthetischer Philosophie. Perspektiven der Philosophie. Neues Jahrbuch. Bd. 12. Teil 2. S. 153-173

KANITSCHEIDER, B. (2000): Die Idee der Selbstorganisation als Brücke zwischen den Kulturen. In: B.O. KÜPPERS: Die Einheit der Wirklichkeit. Zum Wissenschaftsverständnis der Gegenwart. Fink. München. S. 131-48

KANITSCHEIDER, B. (2006): Chaos und Selbstorganisation in Natur- und Geisteswissenschaft. In: M.-Th. HÜTT & A.M. FREUND (Hrsg.): Selbstorganisation. Ein Denksystem für Natur und Gesellschaft. Köln u.a.: Böhlau. S. 66-90

KAUFFMAN, St. (1993): The Origins of Order: Self-Organizing and Selection in Evolution. New York: Oxford University Press

KAUFFMAN, St. (1995): At Home in the Universe. The Search of the Laws of Self-Organization and Complexity. New York u.a.: Oxford University Press

KAUFFMAN, St. (2000): Investigations. Oxford: Oxford University Press

KAUFFMAN, St.A. & LEVIN, S. (1987): Towards a General Theory of Adaptive Walks on Rugged Landscapes. Journal of Theoretical Biology. Vol. 128. PP. 11-45

KELSO, J.A.S. (1995): Dynamic Patterns: The Self-Organisation of Brain and Behavior. Cambridge/MA: MIT Press

KELSO, J.A.S. & TOGNOLI, E. (2009): Toward a Complementary Neuroscience: Metastable Coordination Dynamics of the Brain. In: G.F. R. ELLIS, N. MURPHY & Th. O'CONNOR (Eds.): Downward Causation and the Neurobiology of Free Will. New York: Springer Publications. PP. 103-24

KIM, D.H. (1993): A Framework and Methodology for Linking Individual and Organizational Learning: Applications in TQM and Product Development. Dissertation. Sloan School of Management. Massachusetts Institute of Technology

KIM, D.H. & ANDERSON, V. (1998): Systems Archetype Basics: From Story to Structure. Waltham/MA: Pegasus Communications

KISHIMOTO, K. & AMARI, Sh.-I. (1979): Existence and Stability of Local Excitations in Neural Fields. Journal of mathematical Biology. Vol. 7. PP. 303-18

KLAUS, G. (1961): Kybernetik in philosophischer Sicht. Berlin: Dietz

KNILL, D.C. & POUGET, A. (2004): The Bayesian Brain: The Role of Uncertainty in Neural Coding and Computation. Trends in Neurosciences. Vol. 27. PP. 712-19

KNOBLOCH, H.W. (1992): Mathematische Systemtheorie – Was leistet sie und was nicht? In: H. BUSSHOFF (Hrsg.): Politische Steuerung. Steuerbarkeit und Steuerungsfähigkeit. Beiträge zur Grundlagendiskussion. Baden-Baden: Nomos Verlagsgesellschaft. S. 285-97

KOHONEN, T. (1982a): Self-Organized Formation of

Topologically Correct Feature Maps. Biological Cybernetics. Vol. 43. PP. 59-69
KOHONEN, T. (1982b): Analysis of a Simple Self-Organizing Process. Biological Cybernetics. Vol. 44. PP. 135-40
KOHONEN, T. (1982c): Clustering, Taxonomy, and Topological Maps of Patterns. Proceedings of the 6th International Conference of Pattern Recognition, Munich. IEEE Computer Society Press. Siler Spring/MD. PP. 114-28
KOHONEN, T. (1984): Self-Organization and Associative Memory. New York u.a.: Springer-Verlag
KOHONEN, T. (1988): Self-Organizing and Associative Memory. 2. Ed. Berlin u.a.: Springer-Verlag
KOHONEN, T. (2001): Self-Organizing Maps. 3. Ed. Berlin u.a.: Springer-Verlag
KOLMOGOROV, A.N. (1965): Three Approaches to the Quantitative Definition of Information. Problems of Information and Transmission. Vol. 1. PP. 1-7
KOLMOGOROV, A.N. (1968): Logical Basis for Information Theory and Probability Theory. IEEE Transactions on Information Theory. Vol. 14. PP. 662-64
KORNWACHS, Kl. (2008): Nichtklassische Systeme und das Problem der Emergenz. In: R. BREUNINGER (Hrsg.): Selbstorganisation. Ulm: Humboldt-Studienzentrum. Universität Ulm. KIZ Medienzentrum. S. 181- 231
KRALEMANN, Bj.Chr. (2006): Umwelt, Kultur, Semantik

– Realität. Eine Theorie umwelt- und kulturabhängiger semantischer Strukturen der Realität auf der Basis der Modellierung kognitiver Prozesse durch neuronale Netze. Leipziger Universitätsverlag. Kiel
KRAPP, H. & WAGENBAUR, Th. (Hrsg.) (1997): Komplexität und Selbstorganisation – „Chaos" in Natur- und Kulturwissenschaften. München: Wilhelm Fink Verlag
KRATKY, K.W. (1990): Der Paradigmenwechsel von der Fremd- zur Selbstorganisation. In: K.W. KRATKY & F. WALLNER (Hrsg.): Grundprinzipien der Selbstorganisation. Darmstadt: Wissenschaftliche Buchgesellschaft. S. 3-17
KRATKY, K.W. & WALLNER, F. (Hrsg.) (1990): Grundprinzipien der Selbstorganisation. Darmstadt: Wissenschaftliche Buchgesellschaft
KREYSSIG, P. & DITTRICH, P. (2011): Emergent Control. In: Chr. MÜLLER-SCHLOER, H. SCHMECK & Th. UNGERER (Eds.): Organic Computing – A Paradigm Shift for Complex Systems. Basel: Birkhäuser. PP. 67-78
KROHN, W., KÜPPERS, G. & PASLACK, R. (1987): Selbstorganisation – Zur Genese und Entwicklung einer wissenschaftlichen Revolution. In: S.J. SCHMIDT (Hrsg.): Der Diskurs des Radikalen Konstruktivismus. Frankfurt: Suhrkamp Verlag. S. 441-65
KROHN, W. & KÜPPERS, G. (1990): Selbstorganisation. Aspekte einer wissenschaftlichen Revolution. Vie-

weg. Braunschweig und Wiesbaden
KROHN, W. & KÜPPERS, G. (1992): Selbstorganisation: Ein neues Paradigma für die Wissenschaften. Information Philosophie. Vol. 20. S. 23-30
KÜPPERS, B.-O. (2008): Selbstorganisation als Paradigma der Strukturwissenschaften. In: R. BREUNINGER (Hrsg.): Selbstorganisation. Ulm: Humboldt-Studienzentrum. Universität Ulm. KIZ Medienzentrum. S. 37-61
KURTHEN, M. (1996): Hinter den Spiegeln des Repräsentationalismus. In: A. ZIEMKE & O. BREIDBACH (Hrsg.): Repräsentationismus – was sonst? Eine kritische Auseinandersetzung mit dem repräsentationalistischen Forschungsprogramm den Neurowissenschaften. Vieweg. Braunschweig. 1996. S. 197-209
LADYMAN, J., LAMBERT, J. & WIESNER, K. (2013): What is a Complex System? European Journal for Philosophy of Science. Vol. 3. PP. 33-67
LAURITSEN, K., ZAPPERI, S. & STANLEY, H. (1996): Self-Organized Branching Process: Avalanche Models with Dissipation. Physical Review E. Vol. 54. PP. 2483-88
LEITGEB, H. (2005): Interpreted Dynamical Systems and Qualitative Laws. From Inhibition Networks to Evolutionary Systems. Synthese. Vol. 146. PP. 189-202
LENDARIS, G.G. (1964): On the Definition of Self-Organizing Systems. Proceedings of the IEEE. PP.

324-25
LENK, H. (1975): Wissenschaftstheoretische und philosophische Bemerkungen zur Systemtheorie. In: Pragmatische Philosophie. Plädoyers und Beispiele für eine praxisnahe Philosophie und Wissenschaftstheorie. Hamburg: Hoffmann und Campe Verlag

LENK, H. (1978): Wissenschaftstheorie und Systemtheorie. In: H. LENK & G. ROPOHL: Systemtheorie als Wissenschaftsprogramm. Königstein/Ts: Athenäum Verlag. S. 239-69

LENK, H. (1993): Philosophie und Interpretation. Vorlesungen zur Entwicklung konstruktionistischer Interpretationsansätze. Frankfurt a.M.: Suhrkamp Verlag

LENK, H. (1995): Interpretation und Realität. Vorlesungen über Realismus in der Philosophie der Interpretationskonstrukte. Frankfurt a.M.: Suhrkamp Verlag

LENK, H. (2000): Erfassung der Wirklichkeit. Eine interpretationsrealistische Erkenntnistheorie. Würzburg: Königshausen und Neumann

LENK, H. (2001): Das Denken und sein Gehalt. München: R. Oldenbourg Verlag

LENK, H. (2004): Bewußtsein als Schemainterpretation: ein methodologischer Interpretationsansatz. Paderborn: Mentis

LEVEN, R.W., KOCH, B.-P. & POMPE, B. (1994): Chaos in dissipativen Systemen. 2. Aufl. Berlin: Akademie-Verlag

LI, D., KOSMIDIS, K., BUNDE, A. & HAVLIN, Shl. (2011): Dimension of Spatially Embedded Networks. Nature Physics. Vol. 7. PP. 481-84

LIVET, P. (2006): Self-Organization in Second-Order Cybernetics: Deconstruction or Re-construction of Complexity. In: B. FELTZ, M. CROMMELINCK & Ph. GOUJON (Eds.): Self-Organization and Emergence in Life Sciences. Dordrecht: Springer-Verlag. PP. 249-63

LOCKER, A. (1992): Systemtheoretische Aspekte von Selbstorganisation und Autologie. Vorstoß zu einer Theorie. In: W. NIEGEL & P. MOLZBERGER (Hrsg.): Aspekte der Selbstorganisation. Berlin u.a.: Springer-Verlag. S. 153-69

LORENZEN, S. (2000): How to Advance from the Theory of Natural Selection towards a General Theory of Self-Organisation. In: D.St. PETERS & M. WEINGARTEN (Hrsg.): Organisms, Genes and Evolution. Evolutionary Theory at the Crossroads. Proceedings of the 7th International Senckenberg Conference. Stuttgart Franz Steiner Verlag. PP. 119-27

LUKOŠEVIČIUS, M. & JAEGER, H. (2009): Reservoir Computing Approaches to Recurrent Neural Network Training. Computer Science Review. Vol. 3. PP. 127-49

LUKOŠEVIČIUS, M., H. JAEGER & B. SCHRAUWEN (2012): Reservoir Computing Trends. KI – Künstliche Intelligenz. Vol. 26. PP. 365-371

LYRE, H. (2002): Informationstheorie. Eine philosophisch-naturwissenschaftliche Einführung. München: Wilhelm Fink Verlag

MAASS, W. (2007): Liquid Computing. In: S.B. COOPER, B. LÖWE & A. SORBI (Eds.): Proceedings of the Conference CiE'07: Computability in Europe 2007, Siena, Italy. Lecture Notes in Computer Science. Springer-Verlag. Berlin u.a. PP. 507-16

MAASS, W. & ZADOR, A.M. (1998a): Computing and Learning with Dynamic Synapses. In: W. MAASS & Chr.M. BISHOP: Pulsed Neural Networks. Cambridge/MA: MIT Press. PP. 321-36

MAASS, W. & ZADOR, A.M. (1998b): Dynamic Stochastic Synapses as Computational Units. In: M.I. JORDAN, M.J. KEARNS & S.A. SOLLA (Eds.): Advances in Neural Processing Systems. Vol. 10. Cambridge/MA: MIT Press. PP. 194-200

MAASS, W. & ZADOR, A.M. (1999): Dynamic Stochastic Synapses as Computational Units. Neural Computation. Vol. 11. PP. 903-17

MAASS, W., NATSCHLÄGER, T. & MARKRAM, H. (2002): Real-Time Computing without Stable States: A New Framework for Neural Computation Based on Perturbations. Neural Computation. Vol. 14. PP. 2531-60

MAINZER, Kl. (1993): Künstliche Intelligenz, Neuroinformatik und die Aufgabe der Philosophie. In: G. KAISER (Hrsg.): Kultur und Technik im 21. Jahrhundert. Frankfurt, New York: Campus Verlag. S. 118-31

MAINZER, Kl. (1994a): Aufgaben, Ziele und Grenzen der Neurophilosophie. In: G. KAISER, D. MATEJOSKI & J. FEDROWITZ (Hrsg.): Neuroworlds: Gehirn – Geist – Kultur. Frankfurt, New York: Campus Verlag. S. 131-151

MAINZER, Kl. (1994b): Quanten, Chaos und Selbstorganisation. Philosophische Aspekte des physikalischen Weltbildes. In: Kl. MAINZER & W. SCHIRMACHER (Hrsg.): Quanten, Chaos und Dämonen. Erkenntnistheoretische Aspekte der modernen Physik. Mannheim u.a.: BI-Wissenschaftsverlag. S. 21-72

MAINZER, Kl. (1994c (2007)): Thinking in Complexity. The Complex Dynamics of Matter, Mind and Mankind. 5. Aufl.. Berlin: Springer-Verlag

MAINZER, Kl. (1999): Komplexe Systeme und Nichtlineare Dynamik in Natur und Gesellschaft. In: Kl. MAINZER: Komplexe Systeme und Nichtlineare Dynamik in Natur und Gesellschaft. Komplexitätsforschung in Deutschland auf dem Weg ins nächste Jahrhundert. Berlin u.a.: Suhrkamp Verlag. S. 3-29

MAINZER, Kl. (2004a): System: An Introduction to Systems Science. In: L. FLORIDI (Ed.): The Blackwell Guide to the Philosophy of Computing and Information. Malden/MA: Blackwell. PP. 28-39

MAINZER, Kl. (2004b): Self-Organization and Emergence in Complex Dynamical Systems. Interdisciplinary Perspectives for Organic Computing. In: P.

DADAM & M. REICHERTS (Hrsg.): Informatik 2004 – Informatik verbindet. Bd. 2. Beiträge der 34. Jahrestagug der Gesellschaft für Informatik e.V. (GI), 20-24. September 2004, Ulm. Bonn: Bonner Köllen Verlag. S. 590-94

MAINZER, Kl. (2005): Was sind komplexe Systeme? Komplexitätsforschung als integrative Wissenschaft. In: Daiseion-ji e.V. / Wilhelm Gottfried Leibniz Gemeinschaft e.V. (Hrsg.): 1. Symposium zur Gründung der Deutsch-Japanischen Gesellschaft für integrative Wissenschaft. Verlag J.H. Röll. Bonn. S. 237-77

MAINZER, Kl. (2006): Geist und Gehirn als komplexe Einheit. In: Gottfried Wilhelm Leibniz Gemeinschaft (Hrsg.): 2. Symposium zur Gründung der Deutsch-Japanischen Gesellschaft für Integrative Wissenschaft. Bonn: J.H. Röll-Verlag. S. 11-33

MAINZER, Kl. (2008): Organic Computing and Complex Dynamical Systems. Conceptual Foundations and Interdisciplinary Perspectives. In: R.P. WÜRTZ (Ed.): Organic Computing. Berlin: Springer-Verlag. PP. 105-22

MAINZER, Kl. (2010): Leben als Maschine? Von der Systembiologie zur Robotik und Künstlichen Intelligenz. Paderborn: Mentis

MATURANA, H. (1994): Neurophilosophie. In: G. KAISER, D. MATEJOSKI & J. FEDROWITZ (Hrsg.): Neuroworlds: Gehirn – Geist – Kultur. Frankfurt, New York: Campus Verlag. S. 152-74

MAURER, H. (2004 (2009)): Die Architekturtypen des 'Self-Organizing (Feature) Map (SO(F)M' nach Teuvo Kohonen. Norderstedt: BoD-Verlag

MAURER, H. (2006 (2009)): Das Subsymbolische Paradigma Paul Smolensky's vor dem Hintergrund der Symbolismus vs. Konnektionismus Debatte. BoD-Verlag. Norderstedt

MAURER, H. (2009): Buchbesprechung zu P. Smolensky and G. Legendre: The Harmonic Mind. From Neural Computation to Optimality-Theoretic Grammar. Vol. 1: Cognitive Architecture. Vol. 2. Linguistic and Philosophical Implications. Cambridge, MA and London. A Bradford Book. The MIT Press. 2006. Journal for General Philosophy of Science. Vol. 40. PP. 141-147

MAURER, H. (2014a): Integrative (Synchronisations-)-Mechanismen der (Neuro-)Kognition vor dem Hintergrund des (Neo-)Konnektionismus, der Theorie der nichtlinearen dynamischen Systeme, der Informationstheorie und des Selbstorganisationsparadigmas. BoD-Verlag. Norderstedt

MAURER, H. (2014b): Das (Computersimulations-)-Modell des Konnektionismus als Fiktion im Sinne Hans Vaihingers. In: M. NEUBER (Hrsg.): Fiktion und Fiktionalismus. Beiträge zu Hans Vaihingers Philosophie des Als Ob. Würzburg: Königshausen & Neumann. S. 223-46

MAURER, H. (2016a): Integrative Synchronization Mechanisms in Connectionist Cognitive Neuroarchitectures. Computational Cognitive Science Vol. 2. Art. 3. PP. 1-12 DOI: 10.1186/s40469-016-0010-8

MAURER, H. (2016b): Grundlegende Einführung in die Kognitionswissenschaft des systemtheoretischen (Neo-)Konnektionismus. Erster Band: Grundlagen und kognitive Neuroarchitekturen der Kognitionswissenschaft und der Theoretischen Neurophilosophie. Manuskript

MAURER, H. & MICHAEL, J. (2017): Willensfreiheit aus neuropsychologischer Perspektive. In: J. Sautermeister (Hrsg.): Moralpsychologie. Transdisziplinäre Perspektiven. Stuttgart: Kohlhammer Verlag. Stuttgart. S. 35-54

McCLELLAND, J.L., RUMELHART, D.E. & HINTON, G.E. (1986): The Appeal of Parallel Distributed Processing. In: D.E. RUMELHART & J.L. McCLELLAND (Eds.): Parallel Distributed Processing: Explorations in the Microstructure of Cognition. Vol. 1: Foundations. Cambridge/MA: MIT Press. A Bradford Book. PP. 3-44

MESAROVIĆ, M.D. (1972): A Mathematical Theory of General Systems

MESAROVIĆ, M.D. & TAKAHARA, Y. (1975): General Systems Theory. Academic Press. New York u.a.: Academic Press

MNIF, M. & MÜLLER-SCHLOER, Chr. (2006): Quantitative Emergence. In: Proceedings of the 2006 IEEE Mountain Workshop on Adaptive and Learning Systems (IEEE SMCals 2006). PP. 78-84 (wiederabgedruckt in: Chr. MÜLLER-SCHLOER et al. (Eds.): Organic Computing – A Paradigm Shift for Complex Systems. Basel: Birkhäuser. 2011. PP. 39-52)

MORIN, E. (2008): On Complexity. Cresskill/NJ: Hampton Press

MROTZEK, M. & OSSIMITZ, G. (2008): Catastrophe Archetypes – Basic Components of an Integrated Systemic Theory of Catastrophes. In: Proceedings of the 26th International System Dynamics Society Conference. Athens, Greece. PP. 84-85

MROTZEK, M. & OSSIMITZ, G. (2008): Catastrophe Archetypes – Using System Dynamics to Build an Integrated Systemic Theory of Catastrophes. Manuscript. PP. 1-12

MÜHL, G., WERNER, M., JAEGER, M.A., HERRMANN, K. & PARZYJEGLA, H. (2007): On the Definitions of Self-Managing and Self-Organizing Systems. In: T. BRAUN, G. CARLE & B. STILLER (Eds.): Proceedings of the KiVS 2007 Workshop: Selbstorganisierende, Adaptive, Kontextsensitive verteilte Systeme (SAKS 2007), Bern, Switzerland, March 2007. Berlin: VDE Verlag. PP. 291-301

MÜLLER-SCHLOER, Chr. (2004): Organic Computing: On the Feasibility of Controlled Emergence. In: Proceedings of the 2nd International Conference on Hardware/Software Codesign and System Synthesis, PP. 2-5

MÜLLER-SCHLOER, Chr., VON DER MALSBURG, Chr. &

WÜRTZ, R.P. (2004): Organic Computing. Informatik Spektrum. Bd. 4. S. 332-36
MÜLLER-SCHLOER, Chr. & SICK, B. (2008): Controlled Emergence and Self-Organization. In: In: R.P. WÜRTZ (Ed.): Organic Computing. Heidelberg: Springer-Verlag. PP. 81-103
MÜLLER-SCHLOER, Chr. & SCHMECK, H. (2011): Organic Computing. Quo Vadis? In: Chr. MÜLLER-SCHLOER, H. SCHMECK & Th. UNGERER (Eds.): Organic Computing – A Paradigm Shift for Complex Systems. Basel: Birkhäuser. PP. 615-27
MÜNDEMANN, Fr. (1992): Self-Organization, Evolution, and Neural Networks. In: W. NIEGEL & P. MOLZBERGER (Hrsg.): Aspekte der Selbstorganisation. Berlin u.a.: Springer-Verlag. PP. 125-43
MUSSMANN, F. (1995): Komplexe Natur – Komplexe Wissenschaft. Selbstorganisation, Chaos, Komplexität und der Durchbruch des Systemdenkens in den Naturwissenschaften. Leske + Budrich. Opladen
NAFZ, Fl., SEEBACH, H., STEGHÖFER, J.-Ph., ANDERS, G. & REIF, W. (2011): Constraining Self-Organisation Through Corridors of Correct Behaviour: The Restore Invariant Approach. In: Chr. MÜLLER-SCHLOER, H. SCHMECK & Th. UNGERER (Eds.): Organic Computing – A Paradigm Shift for Complex Systems. Basel: Birkhäuser. PP. 79-93
NEUSER, W. (1998): Zur Logik der Selbstorganisation. In: K. GLOY, W. NEUSER & P. REISINGER (Hrsg.):

Systemtheorie. Philosophische Betrachtungen und ihre Anwendungen. Bonn: Bouvier Verlag. S. 15-34

NEWSOME, W.T. (2009): Human Freedom "Emergence." In: In: N. MURPHY, G.F.R. ELLIS & T. O'CONNOR (Eds.): Downward Causation and the Neurobiology of Free Will. Berlin, Heidelberg: Springer-Verlag. PP. 53-62

NICOLIS, Gr. & PRIGOGINE, I. (1977): Self-Organization in Non-Equilibrium Systems. From Dissipative Structures to Order through Fluctuations. New York u.a.: Wiley

NICOLIS, Gr. & PRIGOGINE, I. (1989): Exploring Complexity: An Introduction. San Francisco: W.H. Freeman. 1989 (dt.: Die Erforschung des Komplexen. Auf dem Weg zu einem neuen Verständnis der Naturwissenschaften. München, Zürich: Piper. 1987)

NIEGEL, W. (1992): Selbstorganisation – Annäherung an einen Begriff. In: W. NIEGEL & P. MOLZBERGER (Hrsg.): Aspekte der Selbstorganisation. Berlin u.a.: Springer-Verlag. S. 1-18

NIEGEL, W. & MOLZBERGER, P. (Hrsg.) (1992): Aspekte der Selbstorganisation. Berlin u.a.: Springer-Verlag

NORTON, A. (1995): Dynamics: An Introduction. In: R.F. PORT & Th.J. VAN GELDER (Eds.): Mind as Motion. Explorations in the Dynamics of Cognition. A Bradford Book. Cambridge/MA, London: MIT Press. PP. 45-68

OESER, E. (1998): Die Selbstorganisation der Information im wissenschaftlichen Erkenntnisprozeß. In: K. GLOY, W. NEUSER & P. REISINGER: Systemtheorie. Philosophische Betrachtungen und ihre Anwendungen. Bonn: Bouvier Verlag. S. 147-65

PALM, G. (1982): Neural Assemblies. An Alternative Approach to Artificial Intelligence. Berlin: Springer-Verlag

PASEMANN, Fr. (1995): Neuromodules: A Dynamical Systems Approach to Brain Modelling. In: H.J. HERRMANN, D.E. WOLF & E. PÖPPEL (Eds.): Workshop on Supercomputing in Brain Research. From Tomography to Neural Networks. HLRZ, KFA Jülich, Germany, November 21-23, 1994. Singapore: World Scientific Publishing Co. PP. 331-47

PASEMANN, Fr. (1996): Repräsentation ohne Repräsentation. Überlegung zu einer Neurodynamik modularer kognitiver Systeme. In: G. RUSCH, S.J. SCHMIDT & O. BREIDBACH (Hrsg.): Interne Repräsentationen – Neue Konzepte der Hirnforschung. Frankfurt/M: Suhrkamp Verlag. S. 42-91

PASLACK, R. (1991): Urgeschichte der Selbstorganisation. Zur Archäologie eines wissenschaftlichen Paradigmas. Braunschweig, Wiesbaden: Vieweg Verlag

PAUEN, M. & ROTH, G. (2008): Freiheit, Schuld und Verantwortung. Grundzüge einer naturalistischen Theorie der Willensfreiheit. Frankfurt a.M.: Suhrkamp Verlag

PEITGEN, H.-O., JÜRGENS, H. & SAUPE, D. (1994):

Chaos. Bausteine der Ordnung. Berlin u.a.: Springer-Verlag

PIPA, G. (2010): Our Brain Plays Jazz. Information Processing in a Self-Organized and Multi-Scale System. Video. Redwood Center for Theoretical Neuroscience. February 24, 2010 From: http://archive.org/details/Redwood_Center_2010_02_24_Gordon_Pipa

PIKOVSKY, A., ROSENBLUM, M. & KURTHS, J. (2001): Synchronization. A Universal Concept in Nonlinear Sciences. Cambridge: Cambridge University Press

POLANI, D. (2002): Measures for the Organization of Self-Organizing Maps. In: U. SEIFFERT & L.C. JAIN (Eds.): Self-Organizing Neural Networks. Recent Advances and Applications. New York: Springer-Verlag. PP. 13-44

PORT, R.F. (2002): The Dynamical Systems Hypothesis in Cognitive Science. In: L. NADEL (Ed.): Encyclopedia of Cognitive Science. Vol. 1. London, New York and Tokyo: Natur Publishing Group. PP. 1027-32

PORT, R.F. & VAN GELDER, Th.J. (Eds.) (1995): Mind as Motion. Explorations in the Dynamics of Cognition. A Bradford Book. Cambridge/MA, London: MIT Press

POSER, H. (2008): System und Selbstorganisation in philosophischer Perspektive. In: R. BREUNINGER (Hrsg.): Selbstorganisation. Ulm: Humboldt-Studienzentrum. Universität Ulm. KIZ Medienzentrum. S. 11-

36
POSPESCHILL, M. (2004): Konnektionismus und Kognition. Eine Einführung. Kohlhammer Verlag. Stuttgart. 2004

PRIGOGINE, I. (1962): Non-Equilibrium Statistical Mechanics. New York: Interscience Publishers

PRIGOGINE, I. (1980): From Being to Becoming. San Francisco: Freeman (dt.: Vom Sein zum Werden. Zeit und Komplexität in den Naturwissenschaften. Piper. München. 1979)

PRIGOGINE, I. (1989): Die Wiederentdeckung der Zeit. Naturwissenschaft in einer Welt begrenzter Vorhersagbarkeit. In: DÜRR & ZIMMERLI (Hrsg.): Geist und Natur. über den Widerspruch zwischen naturwissenschaftlicher Erkenntnis und philosophischer Welterfahrung. Bern u.a.: Scherz. S. 47-60

PRIGOGINE, I. & LEFEVER, R. (1973): Theory of Dissipative Structures. In: H. HAKEN (Ed.): Synergetics. Cooperative Phenomena in Multikomponent Systems. Proceedings of the Symposium on Synergetics from April 30 to May 6, 1972, Schloß Elmau. Stuttgart: Teubner. PP. 124-35

PRIGOGINE, I. & STENGERS, I. (1984): Order out of Chaos. Man's New Dialogue with Nature. Toronto u.a.: Bantam Books (dt.: Dialog mit der Natur. Neue Wege naturwissenschaftlichen Denkens. 6. Aufl. München, Zürich: Piper (1986) 1990)

PRIGOGINE, I. & STENGERS, I. (1993): Das Paradox der Zeit. Zeit, Chaos und Quanten. München u.a.:

Piper

REMPIS, C.W., HILD, M. & PASEMANN, Fr. (2013): Enhancing the Neuro-Controller Design Process for the Myon Humanoid Robot. Technical Report. University of Osnabrück, Germany
From: urn:nbn:de:gbv:700-2013071711000, June 2013

RICHARDSON, R.C. (2006): Explanation and Causality in Self-Organizing Systems. In: B. FELTZ, M. CROMMELINCK & Ph. GOUJON (Eds.): Self-Organization and Emergence in Life Sciences. Dordrecht: Springer-Verlag. PP. 315-40

RIECKE, A., ROXIN, H. & SOLLA, S.A. (2004): Self-Sustained Activity in a Small-World Network of Excitable Neurons. Physical review Letters. Vol. 92. PP. 1-4

RIEDL, R. (1975, 1990): Die Ordnung des Lebendigen. Systembedingungen der Evolution. München, Zürich: Piper

ROCKWELL, T. (2005): Attractor Spaces as Modules: A Semi-Eliminative Reduction of Symbolic AI to Dynamic Systems Theory. Minds and Machines. Vol. 15. PP. 23-55

ROPOHL, G. (1978): Einführung in die allgemeine Systemtheorie. In: H. LENK & G. ROPOHL (Hrsg.): Systemtheorie als Wissenschaftsprogramm. Königstein/Ts: Athenäum Verlag. S. 9-49

ROPOHL, G. (1979): Eine Systemtheorie der Technik. Zur Grundlegung der Allgemeinen Technologie.

München, Wien: Carl Hanser Verlag
ROPOHL, G. (2005): Allgemeine Systemtheorie als transdisziplinäre Integrationsmethode. Technikfolgenabschätzung – Theorie und Praxis. Nr. 2. Jg. 14. S. 24-31
ROPOHL, G. (2012): Allgemeine Systemtheorie. Einführung in transdisziplinäres Denken. Ed. Berlin: Sigma
RUIZ-MIRAZO, K. & MORENO, A. (2004): Basic Autonomy as a Fundamental Step in the Synthesis of Life. Artificial Life. Vol. 10. PP. 235-59
RUIZ-MIRAZO, K., PERETÓ, J. & MORENO, A. (2004): A Universal Definition of Life: Autonomy and Open-Ended Evolution. Origins of Life and Evolution of the Biosphere. Vol. 34. PP. 323-46
RUMELHART, D.E. & McCLELLAND, J.L. (Eds.) (1986a): Parallel Distributed Processing: Explorations in the Microstructure of Cognition. Vol. 1: Foundations. Cambridge/MA: MIT Press. A Bradford Book. PP. 110-46
RUMELHART, D.E. & McCLELLAND, J.L. (Eds.) (1986b): Parallel Distributed Processing: Explorations in the Microstructure of Cognition. Vol. 2: Psychological and Biological Models. Cambridge/MA: MIT Press. A Bradford Book
SCHIEPEK, G. (1999a): Die Grundlagen der Systemischen Therapie. Theorie – Praxis – Forschung. Göttingen: Vandenhoeck & Ruprecht
SCHIEPEK, G. (1999b): Selbstorganisation in psychi-

schen und sozialen Prozessen. Neue perspektiven der Psychotherapie. In: Kl. MAINZER: Komplexe Systeme und Nichtlineare Dynamik in Natur und Gesellschaft. Komplexitätsforschung in Deutschland auf dem Weg ins nächste Jahrhundert. Berlin u.a.: Suhrkamp Verlag. S. 280-317

SCHIEPEK, G. (Hrsg.) (2003): Neurobiologie der Psychotherapie. Stuttgart: Schattauer Verlag

SCHIEPEK, G. (2006): Die neuronale Selbstorganisation des Selbst. Ein Beitrag zum Verhältnis von neuronalen und mentalen Prozessen aus der Sicht der Synergetik. In: Fr. RESCH & M. SCHULTE-MARKWORT (Hrsg.): Kursbuch für integrative Kinder- und Jugendpsychiatrie. Schwerpunkt: Psyche und Soma. Weinheim. Beltz-PVU. S. 5-22

SCHIEPEK, G. (2009): Complexity and Nonlinear Dynamics in Psychotherapy. European Review. Vol. 17. PP. 331-56

SCHIEPEK, G. & TSCHACHER, W. (Hrsg.) (1997): Selbstorganisation in Psychologie und Psychiatrie. Braunschweig: Vieweg Verlag

SCHLOSSER, G. (1993): Einheit der Welt und Einheitswissenschaft. Braunschweig, Wiesbaden: Vieweg

SCHMECK, H., MÜLLER-SCHLOER, Chr., ÇAKAR, E., MNIF, M. & RICHTER, U. (2011): Adaptivity and Self-Organisation in Organic Computing Systems. In: Chr. MÜLLER-SCHLOER, H. SCHMECK & Th. UNGERER (Eds.): Organic Computing – A Paradigm Shift for Complex Systems. Basel: Birkhäuser. PP. 5-37

SCHMIDT: J.C. (2008): Instabilität in Natur und Wissenschaft. Eine Wissenschaftsphilosophie der nachmodernen Physik. Berlin, New York: Walter de Gruyter
SCHÖNER, Gr. (2008): Dynamical Systems Approaches to Cognition. In: R. SUN (Ed.): The Cambridge Handbook of Computational Psychology. Cambridge: Cambridge University Press. PP. 101-26
SCHÖNER, Gr. (2009): Development as Change of Systems Dynamics: Stability, Instability, and Emergence. In: J.P. SPENCER, M.S.C. THOMAS & McCLELLAND (Eds.): Toward a Unified Theory of Development: Connectionism and Dynamic Systems Theory Re-Considered. Oxford: Oxford Univ. Press. PP. 25-47
SCHRÖDINGER, E. (1944 (1989)): Was ist Leben? 3. Aufl. München: Piper
SCHUSTER, H.G. & JUST, W. (2005): Deterministic Chaos: An Introduction. 4th Ed. Weinheim: WILEY-VCH Verlag
SCHWEITZER, Fr. (1997): Selbstorganisation und Information. In: H. KRAPP & Th. WAGENBAUR (Hrsg.): Komplexität und Selbstorganisation – „Chaos" in Natur- und Kulturwissenschaften. München: Wilhelm Fink Verlag. S. 99-129
SCOTT, A.C. (1995): Stairway to the Mind. The Controversial New Science of Consciousness. New York: Copernicus
SCOTT, A.C. (2007): The Nonlinear Universe. Chaos,

Emergence, Life. Berlin u.a.: Springer-Verlag
SENGE, P.M. (1990): The Fifth Discipline. New York: Doubleday/Currency
SHALIZI, C.R. & SHALIZI, K.L. (2005): Quantifying Self-Organization in Cyclic Cellular Automata. In: L. SCHIMANSKY-GEIER, D. ABBOTT, A. NEIMAN & Chr. VAN den BROECK (Eds.): Noise in Complex Systems and Stochastic Dynamics. SPIE Press. Bellingham/ Washington. 2005. PP. 108-17
SHAN, Y., HUANG, D., SINGER, W. & NIKOLIĆ, D. (2008): A Small World of Neural Synchrony. Cerebral Cortex. Vol. 18. PP. 2891-2901
SHANNON, C.E. (1948): A Mathematical Theory of Communication. The Bell System Technical Journal. Vol. 27. PP. 379-423, PP. 623-55
SHANNON, C.E. & WEAVER, W. (1949): The Mathematical Theory of Communication. Urbana: University of Illinois Press (dt.: Mathematische Grundlagen der Informationstheorie. München, Wien: Oldenbourg-Verlag. 1976)
SINGER, W. (1983): Neuronal Activity as a Shaping Factor in the Self-Organization of Neuron Assemblies. In: E. BAŞAR, H. FLOHR, H. HAKEN & A.J. MANDELL (Eds.): Synergetics of the Brain. Proceedings of the International Symposium on Synergetics at Schloß Elmau, Bavaria, May 2-7, 1983. Berlin. u.a.: Springer-Verlag. PP. 89-101
SINGER, W. (1986): The Brain as a Self-Organizing System. European Archives of Psychiatry and

Neurological Sciences. Vol. 236. PP. 4-9

SINGER, W. (1990): Search for Coherence: A Basic Principle of Cortical Self-Organization. Concepts in Neuroscience. Vol. 1. PP.1-26

SINGER, W. (1999): Neuronal Synchrony: A Versatile Code for the Definition of Relations. Neuron. Vol. 24. PP. 49-65

SINGER, W. (2003 (2011)): Das Gehirn – ein komplexes, sich selbst organisierendes System. In: G. SCHIEPEK (Hrsg.): Neurobiologie der Psychotherapie. 2. Aufl. Stuttgart: Schattauer. S. 133-41

SINGER, W. (2005): Wann und warum erscheinen uns Entscheidungen als frei? Ein Nachtrag. Deutsche Zeitschrift für Philosophie. Bd. 53. S. 707-22 (wiederabgedruckt in: T. STOMPE & H. SCHANDA (Hrsg.). Der freie Wille und die Schuldfähigkeit in Recht, Psychiatrie und Neurowissenschaften. Wiener Schriftenreihe für Forensische Psychiatrie. Berlin: Medizinische Wissenschaftliche Verlagsgesellschaft. 2010. S. 15-35)

SINGER, W. (2013): The Neuronal Correlate of Consciousness: Unity in Time rather than Space? Neurosciences and the Human Person: New Perspectives on Human Activities. Pontifical Academy of Sciences. Scripta Varia. Vol. 121. Vatican City. From: www.casinapioiv.va/content/dam/accademia/pdf/sv121/sv121-singer.pdf

SMOLENSKY, P. (1984a): Harmony Theory: Thermal Parallel Models in a Computational Context. In:

P. SMOLENSKY & M.S. RILEY (Eds.): Harmony Theory: Problem Solving, Parallel Cognitive Models, and Thermal Physics. Technical Report 8404. Institute for Cognitive Science. University of California. San Diego. PP. 1-12

SMOLENSKY, P. (1984b): The Mathematical Role of Self-Consistency in Parallel Computation. In: P. SMOLENSKY & M.S. RILEY (Eds.): Harmony Theory: Problem Solving, Parallel Cognitive Models, and Thermal Physics. Technical Report 8404. Institute for Cognitive Science. University of California. San Diego. PP. 1-6

SMOLENSKY, P. (1986a): Information Processing in Dynamical Systems: Foundations of Harmony Theory. In: D.E. RUMELHART & J.L. McCLELLAND (Eds.): Parallel Distributed Processing: Explorations in the Microstructure of Cognition. Vol. 1: Foundations. Cambridge/MA: MIT Press. A Bradford Book. PP. 194-281

SMOLENSKY, P. (1986b): Formal Modeling of Subsymbolic Processes: An Introduction to Harmony Theory. In: N.E. SHARKEY (Ed.): Directions in the Science of Cognition. London: Ellis Horwood. PP. 204-35

SMOLENSKY, P. (1995): Reply: Constituent Structure and Explanation in an Integrated Connectionist / Symbolic Cognitive Architecture. In: C. MacDONALD & Gr. MacDONALD (Eds.:) Connectionism: Debates on Psychological Explanation. Oxford/UK, Cambridge/MA: Blackwell Publishers. Vol. 2. 1995.

PP. 223-90

SMOLENSKY, P. & LEGENDRE, G. (2006): The Harmonic Mind: From Neural Computation to Optimality-Theoretic Grammar. Vol. 1: Cognitive Architecture. Vol. 2: Linguistic and Philosophical Implications. Cambridge/MA, London: A Bradford Book. The MIT Press

SNOOKS, Gr.D. (2008): A General Theory of Complex Living Systems: Exploring the Demand Side of Dynamics. Complexity. Vol. 13. PP. 12-20

SOLOMONOFF, R.J. (1964a): A Formal Theory of Inductive Inference. Part 1. Information and Control. Vol. 7. PP. 1-22

SOLOMONOFF, R.J. (1964b): A Formal Theory of Inductive Inference. Part 2. Information and Control. Vol. 7. PP. 224-54

SPENCER, J.P. & SCHÖNER, Gr. (2003): Bridging the Representational Gap in the Dynamic Systems Approach to Development. Development Science. Vol. 6. PP. 392-412

SPORNS, O. (2011): Networks of the Brain. Cambridge/MA, London: The MIT Press

SPORNS, O., TONONI, G. & EDELMAN, G.M. (2000): Theoretical Neuroanatomy: Relating Anatomical and Functional Connectivity in Graphs and Cortical Connection Matrices. Cerebral Cortex. Vol. 10. PP. 127-41

SPORNS, O., CHIALVO, D., KAISER, M. & HILGETAG, C.C. (2004): Organization, Development and

Function of Complex Brain Networks. Trends in Cognitive Sciences. Vol. 8. PP. 418-25

STEPHAN, A. (1998): Varieties of Emergence in Artificial and Natural Systems. Zeitschrift für Naturforschung. Bd. 53c. PP. 639-56

STEPHAN, A. (1999a): Emergenz. Von der Unvorhersagbarkeit zur Selbstorganisation. Dresden: Dresden Universitätsverlag

STEPHAN, A. (1999b): Varieties of Emergentism. Evolution and Cognition. Vol. 5. PP. 49-59

STEPHAN, A. (2006): Zur Rolle des Emergenzbegriffs in der Philosophie des Geistes und in der Kognitionswissenschaft. In: D. STURMA (Hrsg.): Philosophie und Neurowissenschaften. Frankfurt/M.: Suhrkamp Verlag. S. 146-66

STEWART, T.C. & ELIASMITH, Chr. (2012): Compositionality and Biologically Plausible Models. In: W. HINZEN, E. MACHERY & M. WERNING (Eds.): The Oxford Handbook of Compositionality. Oxford: Oxford University Press. PP. 596-615

STROGATZ, St.H. (2001): Exploring Complex Networks. Nature. Vol. 410. PP. 268-76

STROHNER, H. (1995): Kognitive Systeme. Eine Einführung in die Kognitionswissenschaft. Opladen: Westdeutscher Verlag

STRUNK, G. (1998): Die Selbstorganisationshypothese der Psychotherapie. Systeme. Interdisziplinäre Zeitschrift für systemtheoretisch orientierte Forschung und Praxis in den Humanwissenschaften.

Bd. 12. S. 3-21

SUPPE, Fr. (1989): The Semantic Conception of Theories and Scientific Realism. Urbana: University of Illinois Press

SZENTÁGOTHAI, J. & ÉRDI, P. (1989): Self-Organization in the Nervous System. Journal of Social Biology and Structure 12. PP. 367–84

THELEN, E. & SMITH, L.B. (2006): Dynamic Systems Theories. In: W. DAMON & R.M. LERNER: Handbook of Child Psychology. Vol. 1: Theoretical Models of Human Development. 6th Ed. Chap. 6. Hoboken/NJ: Wiley. PP. 258-312

THOMPSON, P. (2004): The Revival of 'Emergence' in Biology: Autocatalysis, Self-Organisation and Mathematical Necessity. The Croatian Journal of Philosophy. Vol. 3. PP. 217-29

THOMPSON, P. (2006): A Role for Mathematical Models in Formalizing Self-Organizing Systems. In: B. FELTZ, M. CROMMELINCK & Ph. GOUJON (Eds.): Self-Organization and Emergence in Life Sciences. Dordrecht: Springer-Verlag. PP. 301-13

TONONI, G. (2004): An Information Integration Theory of Consciousness. BMC Neuroscience. Vol. 5/42. PP. 1-22
Doi:10.1186/1471-2202-5-42

TONONI, G., SPORNS, O. & EDELMAN, G.M. (1994): A Measure for Brain Complexity: Relating Functional Segregation and Integration in the Nervous System. Proceedings of the National Academy of

Sciences of the United States of America. Vol. 91. PP. 5033-37

TONONI, G., EDELMAN, G.M. & SPORNS, O. (1998): Complexity and Coherency: Integrating Information in the Brain. Trends in Cognitive Sciences. Vol. 2. PP. 474-84

TONONI, G. & SPORNS, O. (2003): Measuring Information Integration. BMC Neuroscience. Vol. 4/31. PP. 1-20
Doi: 10.1186/1471-2202-4-31

TRIESCH, J. & VON DER MALSBURG, Chr. (2001): Democratic Integration: Self-Organized Integration of Adaptive Cues. Neural Computation. Vol. 13. PP. 2049-74

TROY, W.C. (2008): Traveling Waves and Synchrony in an Excitable Large-Scale Neuronal Network with Asymmetric Connections. SIAM Journal on Applied Dynamical Systems. Vol. 7. PP. 1247-82

TSCHACHER, W. & SCHIEPEK, G. & BRUNNER, E.J. (Eds.) (1992): Self-Organization and Clinical Psychology. Empirical Approaches to Synergetics in Psychology. Berlin u.a.: Springer

VAN DE VIJVER, G. (2006): Kant and the Intuitions of Self-Organization. In: B. FELTZ, M. CROMMELINCK Ph. GOUJON (Eds.): Self-Organization and Emergence in Life Sciences. Dordrecht: Springer-Verlag. PP. 143-61

VAN GELDER, T. & PORT, R.F. (1995): It's About Time: An Overview of the Dynamical Approach to Cognition. In: R.F. PORT & T.J. VAN GELDER (Eds.): Mind as Motion. Explorations in the Dynamics of Cognition. A Bradford Book. Cambridge/MA, London: MIT Press. PP. 1-43

VAN HULLE, M.M. (2000): Faithful Representations and Topographic Maps – From Distortion- to Information-Based Self-Organization. New York: John Wiley & Sons, Inc.

VARELA, Fr. (1975): A Calculus for Self-Reference. International Journal of General Systems. Vol. 2. PP. 5-24

VARELA, Fr. (1979): Principles of Biological Autonomy. New York, Oxford: North Holland

VARELA, Fr.J., MATURANA, H.R. & URIBE, R. (1974): Autopoiesis: The Organization of Living Systems, Its Characterization and a Model. Biosystems. Vol. 5. PP. 187-96

VARELA, Fr.J., THOMPSON, E. & ROSCH, E. (1992): The Embodied Mind – Cognitive Science and Human Experience. Cambridge/MA: The MIT Press

VEC, M., HÜTT, M.-Th. & FREUND, A.M. (Hrsg.) (2006): Selbstorganisation. Ein Denksystem für Natur und Gesellschaft. Böhlau. Köln u.a.

VAN FRAASSEN, B.C. (1970): On the Extension of Beth's Semantics of Physical Theories. Philosophy of Science. Vol. 37. P. 325

VON BERTALANFFY, L. (1949 (1972)): Zu einer allgemeinen Systemlehre. Biologia Generalis. Vol. 1. PP. 114-29 (wiederabgedruckt in: Kn. BLEICHER: Orga-

nisation als System. Wiesbaden: Gabler. S. 31-45)
VON BERTALANFFY, L. (1950a (2010)): An Outline of General System Theory. British Journal for the Philosophy of Science. Vol. 1. PP. 134-65
VON BERTALANFFY, L. (1950b): The Theory of Open Systems in Physics and Biology. Science. Vol. 111. PP. 23-29
VON BERTALANFFY, L. (1953): Biophysik des Fließgleichgewichts. Einführung in die Physik offener Systeme und ihre Anwendung in der Biologie. Verlag Friedr. Vieweg & Sohn. Braunschweig
VON BERTALANFFY, L. (1968): General System Theory. Foundations, Development, Applications. George Braziller. New York
VON BERTALANFFY, L. (1975): Perspectives on General System Theory. Scientific-Philosophical Studies. George Braziller. New York
VON DER MALSBURG, Chr. (1973): Self-Organization of Orientation Selective Cells in the Striate Cortex. Kybernetik. Vol. 14. PP. 85-100
VON DER MALSBURG, Chr. (1981): The Correlation Theory of Brain Function. Internal Report 81-2. Department of Neurobiology. Göttingen: Max-Planck-Institute of Biophysikal Chemistry (wiederabgedruckt in: E. DOMANY, J.L. van HEMMEN & K. SCHULTEN (Eds.): Models of Neural Networks II. Temporal Aspects of Coding and Information Processing in Biological Systems. Ch. 2. New York u.a.: Springer-Verlag. 1994. PP. 95-119)

VON DER MALSBURG, Chr. (1990): Network Self-Organization. In: S.F. ZORNETZER, J. DAVIS & C. LAU (Eds.): An Introduction to Neural and Electronic Networks. San Diego: Academic Press. PP. 421-32

VON DER MALSBURG, Chr. (1995): Network Self-Organization in the Ontogenesis of the Mammalian Visual System. In: S.F. ZORNETZER, J. DAVIS & C. LAU (Eds.): An Introduction to Neural and Electronic Networks. 2nd Ed. San Diego: Academic Press. PP. 447-63

VON DER MALSBURG, Chr. (1999): The Challenge of Organic Computing. Memorandum

VON DER MALSBURG, Chr. (2002): Self-Organization and the Brain. In: M.A. ARBIB (Ed.): The Handbook of Brain Theory and Neural Networks. Second Edition. Cambridge/MA, London: The MIT Press. PP. 1002-1005

VON DER MALSBURG, Chr. (2008): The Organic Future of Information Technology. In: R.P. WÜRTZ (Ed.): Organic Computing. Heidelberg: Springer-Verlag. PP. 7-24

VON DER MALSBURG, Chr. & WILLSHAW, D.J. (1976): How Patterned Neural Connections can be Set Up by Self-Organization. Proceedings of the Royal Society of London. Vol. B 194. PP. 431-45

VON FOERSTER, H. (1960): On Self-Organization Systems and their Environments. In: M.C. YOVITS & S. CAMERON: Self-Organizing Systems. Proceedings of an Interdisciplinary Conference. Oxford, Lon-

don, Paris. PP. 31-50
VON FOERSTER, H. (1974): Cybernetics of Cybernetics. 2nd Ed. Minneapolis: Future Systems Inc. (wiederabgedruckt in: Understanding Understanding: Essay on Cybernetics and Cognition. New York: Springer-Verlag. 2003. PP. 283-87)
VON FOERSTER, H. (1981): Observing Systems. Seaside/CA: Intersystems Publications
VON FOERSTER, H. ((1985) 1999): Sicht und Einsicht: Versuche zu einer operativen Erkenntnistheorie. Heidelberg: Carl-Auer Verlag
VON FOERSTER, H. (1987): Erkenntnistheorien und Selbstorganisation. In: S.J. SCHMIDT (Hrsg.): Der Diskurs des Radikalen Konstruktivismus. Frankfurt: Suhrkamp Verlag. S. 133-58
VON FOERSTER, H. & ZOPF, G. (Eds.) (1962): Principles of Self-Organization. New York: Pergamon
VON UEXKÜLL, J.J. (1928): Theoretische Biologie. 2. Aufl. Berlin: J. Springer
VON WEIZSÄCKER, V. (1950 (1996)): Der Gestaltkreis. Theorie der Einheit von Wahrnehmen und Bewegen. 6. Aufl. Göttingen, New York: Georg Thieme Verlag
WALTER, H. (1996): Die Freiheit des Deterministen. Chaos und Neurophilosophie. Zeitschrift für philosophische Forschung. Bd. 50. S. 364-85
WALTER, H. (1999): Neurophilosophie der Willensfreiheit: von libertarischen Illusionen zum Konzept natürlicher Autonomie. 2. Auf. Paderborn: Mentis.

(engl.: Neurophilosophy of Free Will. Boston/MA: MIT)

WATTS, D.J. (1999): Small Worlds: The Dynamics of Networks Between Order and Randomness. Princton: Princeton University Press

WATTS, D. & STROGATZ, St. (1998): Collective Dynamics of Small Worlds. Nature. Vol. 393. PP. 440-42

WERNING, M. (2001): How to Solve the Problem of Compositionality by Oscillatory Networks. In: J.D. MOORE & K.E. STENNING (Eds.): Proceedings of the Twenty-Third Annual Conference of the Cognitive Science Society. London: Lawrence Erlbaum Associates. PP. 1094-99

WERNING, M. (2004): Compositionality, Context, Categories and the Indeterminacy of Translation. Erkenntnis. Vol. 60. PP. 145-78

WERNING, M. (2005a): The Temporal Dimension of Thought: Cortical Foundations of Predicative Representation. Synthese. Vol. 146. PP. 203-24

WERNING, M. (2005b): Neuronal Synchronization, Covariation, and Compositional Representation. In: M. WERNING, E. MACHERY & G. SCHURZ (Eds.): The Compositionality of Meaning and Content. Vol. II: Applications to Linguistics, Psychology and Neuroscience. Frankfurt: Ontos Verlag. PP. 283-312

WERNING, M. (2012): Non-Symbolic Compositional Representation and its Neuronal Foundation: Towards an Emulative Semantics. In: M. WERNING, W. HINZEN & E. MACHERY (Eds.): The Oxford

Handbook of Compositionality. Oxford: Oxford University Press. PP. 633-54

WIENER, N. (1948 (1961)): Cybernetics or Control and Communication in the Animal and the Machine. 2nd Ed. New York: MIT Press

WIENER, N. (1965): Perspectives in Cybernetics. In: N. WIENER & J.P. SCHADÉ (Eds.): Cybernetics of the Nervous System. Amsterdam u.a.: Elsevier Publishing Company. PP. 399-408

WILSON, H.R. & COWAN, J.D. (1972): Excitatory and Inhibitory Interactions in Localized Populations of Model Neurons. Biophysical Journal. Vol. 12. PP. 1-24

WOLSTENHOLME, E.F. (1990): System Enquiry. A System Dynamics Approach. Chichster u.a.: John Wiley & Sons

WOLSTENHOLME, E.F. (1999): Qualitative vs. Quantitative System Dynamics: The Evolving Balance. Journal of the Operational Research Society. Vol. 50. PP. 422-28

WOLSTENHOLME, E.F. (2003): Towards the Definition and Use of a Core Set of Archetypal Structures in System Dynamics. System Dynamics Review. Vol. 19. PP. 7-26

WOLSTENHOLME, E.F. & CORBEN, D.A. (1993): Towards a Core Set of Archetypal Structures in System Dynamics. In: E. ZEPEDA & J.A.E. MACUCA (Eds.): The Role of Strategic Modelling in International Competitiveness. System Dynamics

Society. Cancun, Mexico

WRIGHT, W.A., SMITH, R.E., DANEK, M. & GREENWAY, P. (2001): A Generalisable Measure of Self-Organisation and Emergence. In: G. DORFFNER, H. BISCHOF & K. HORNIK (Eds.): Proceedings of the International Conference on Artificial Neural Networks (ICANN 2001). Vienna, Austria, August 2001. Berlin, Heidelberg: Springer-Verlag. PP. 857-64

WÜRTZ, R.P. (2008): Introduction: Organic Computing. In: R.P. WÜRTZ (Ed.): Organic Computing. Heidelberg: Springer-Verlag. PP. 1-6

WUKETITS, Fr.M. (2000): "Systems Everywhere". Aspekte einer biologischen Systemtheorie. In: K. EDLINGER, W. FEIGL & G. FLECK (Hrsg.): Systemtheoretische Perspektiven. Der Organismus als Ganzheit in der Sicht von Biologie, Medizin und Psychologie. Frankfurt am Main u.a.: Peter Lang. S. 44-50

ZELENY, M. (1980): Autopoiesis: A Paradigm Lost? In: M. ZELENY (Ed.): Autopoiesis, Dissipative Structure, and Spontaneous Social Orders. Boulder/CO: Westview Press. PP. 3-43

ZELENY, M. (1981): What is Autopoiesis? In: M. ZELENY (Ed.): Autopoiesis: A Theory of the Living Organizations. New York: North Holland. PP. 4-17

ZIEMKE, A. (1992): System und Subjekt. Biosystemforschung und Radikaler Konstruktivismus im Lichte der Hegelschen Logik. Braunschweig, Wiesbaden: Vieweg

ZIEMKE, T. (2003): What's that Thing Called Embodiment? In: R. ALTERMAN & D. KIRSH (Eds.): Proceedings of the 25th Annual Conference of the Cognitive Science Society. Mahwah/NJ: Lawrence Erlbaum. PP. 1134-39

www.ingramcontent.com/pod-product-compliance
Lightning Source LLC
Chambersburg PA
CBHW050108230526
45470CB00004B/1726